产品设计与系统规划

吕莘莘◎著

吉林出版集团股份有限公司
全国百佳图书出版单位

图书在版编目（CIP）数据

产品设计与系统规划 / 吕萃萃著 . –– 长春：吉林
出版集团股份有限公司 , 2023.5
ISBN 978-7-5731-3567-4

Ⅰ . ①产… Ⅱ . ①吕… Ⅲ . ①产品设计 Ⅳ .
① TB472

中国国家版本馆 CIP 数据核字（2023）第 104715 号

产品设计与系统规划
CHANPIN SHEJI YU XITONG GUIHUA

著 者	吕萃萃	
责任编辑	李 娇	
封面设计	李 伟	
开 本	710mm×1000mm	1/16
字 数	240 千	
印 张	13.5	
版 次	2024年1月第1版	
印 次	2024年1月第1次印刷	
印 刷	天津和萱印刷有限公司	

出 版	吉林出版集团股份有限公司
发 行	吉林出版集团股份有限公司
地 址	吉林省长春市福祉大路 5788 号
邮 编	130000
电 话	0431-81629968
邮 箱	11915286@qq.com
书 号	ISBN 978-7-5731-3567-4
定 价	81.00 元

作者简介

吕莘莘　女，讲师。1988 年生于辽宁省大连市，毕业于吉林大学设计艺术学专业，硕士研究生学历。大连市手工艺术家协会会员，辽宁美术家协会大连分会会员。现任教于大连艺术学院艺术设计学院产品设计专业。

主持及参与多项科研项目。主持非遗项目《"二十四节气"衍生品设计开发与研究》、主持思政育人教学项目《"梦想·青春"文创开发及利用策略研究》；参与非遗项目《传统家具制作工艺的传承与发展研究》；参与北京 2022 年冬奥会及冬残奥会特许商品设计，设计作品"情扣中华"紫砂茶具获得特许商品编号，并投放市场。

在省级以上期刊发表论文多篇，包括：《浅析产品设计中情感价值的表达》《"二十四节气"衍生品设计开发与研究》《文旅融合背景下特色旅游文创产品设计研究》《应用型本科院校产品设计专业校企合作模式探索》《传统折纸艺术在文创设计中的应用研究》等。

获得多项个人参赛奖及指导奖：2021 年个人作品《雅丹迷宫》获得第三届敦煌国际设计周设计大赛铜奖，2022 年《智能城市清洁系统设计》获得第七届"包豪斯奖"国际设计大赛优秀奖；2021 年获得辽宁省普通高等学校大学生工业设计竞赛优秀指导教师奖，2022 年获得第十届未来设计师全国高校数字艺术设计大赛优秀指导教师奖。指导国家级大学生创新创业项目两项，其中《助残计划——文化创意设计赋能辽宁喀左紫砂企业产品新活力》项目获得辽宁省第八届"互联网＋"大学生创新创业大赛"青年红色筑梦之旅赛道"铜奖。个人获批外观专利两项。

主要研究方向：产品设计方法、产品语意学研究、文创产品设计、非遗文化传承创新研究等。

前　言

　　产品设计作为科技与人文的结合体，与人们的生活、经济的发展、文明的进步息息相关。中国制造业经历了突飞猛进的发展，正面临着如何完成从"中国制造"到"中国创造"的转变。这就意味着中国的工业设计必须走向综合化、国际化。而工业设计的教育也必须随之做出相应的转变，应将设计作为一门综合性、实践性的交叉学科来组织教学，全面提高设计师的综合素质和实践创新能力。

　　在竞争激烈，产品多样化、细分化的现代市场中，如何让自己的产品成为消费者的宠儿，是设计师要考虑的重要问题。不是所有产品设计出来就有市场、有利润、有前景，它们随时都可能被时代、潮流、用户抛弃。设计师必须将产品系统设计作为主修，这样才有可能使其设计的产品成为市场的下一个主导。

　　一个好的设计应满足多方面的要求。首先，应解决顾客所关心的各种问题，如产品功能、易用性等，在设计产品时，必须从市场和用户需求出发，保证产品使用的安全性、可靠性，使人机工程性能充分满足使用需求；其次，要满足社会发展的要求；最后，产品设计要考虑美学问题，提高产品的欣赏价值。

　　本书共五章，以产品设计为基底，分析了产品设计与系统规划的有关问题。第一章论述了产品与产品设计概述，分别从产品的含义、产品设计、产品规划三个方面进行了分析；第二章论述了产品设计整体规划，分别从新产品的相关概念设计、设计内容及方法分析、产品功能与市场定位、产品类型风格设计四个方面进行分析；第三章论述了产品系统设计，分别从产品设计前期准备工作、产品设计方案、产品结构设计、产品外观模型设计、产品形态的仿生设计、产品设计生产与市场的转化六个方面进行了分析；第四章论述了产品设计的创新设计思维与方法，分别从产品创新设计相关概念、产品创新设计思维、产品创新设计技巧、产品数字化设计及标准化四个方面进行分析；第五章论述了产品设计案例研究，分别以产品设计推动企业升级——华山泉和"良品铺子"外包装设计为例进行分析。

在撰写本书的过程中，作者得到了许多专家学者的帮助和指导，参考了大量的学术文献，在此表示真诚的感谢。由于作者水平有限，书中难免会有疏漏之处，恳请专家、学者及广大读者提出宝贵意见。

吕萃萃

2023 年 2 月

目 录

第一章　绪论

自人类诞生以来，人们利用可得到的资源制造各式各样的物品，来满足生理或心理的需求。例如，为了有效率地狩猎，远古时代的祖先发明了石刀；为了能轻松地出行，汽车、飞机成为人们的代步工具；为了方便家居生活，洗衣机、抽油烟机、料理机等渐渐走进了人们的生活。形形色色的产品已经成为人与人造物、人与环境相互联系的纽带。

第一节　产品的含义

一、产品的定义

什么叫作产品呢？我们在家中常见的冰箱、电视、手机、电脑是产品，出门用到的交通工具也是产品，从身上佩戴的饰品到上天的火箭都可以被称作产品。这些由农业或工业生产出来的物品就是字面意义上的产品，由现代机器批量生产出来的物品属于工业设计方面，这些设计出来的实体被叫作产品。

从古至今，产品从来没有消失过，只是被称呼的名称不同。旧石器时代的人亲手打制出的石器就可以被称作产品。现如今，人们的消费水平提高，对市场上东西的需求有所提升，所有能满足人们日常生活中使用的东西都是产品。实际上，产品不一定是有形的实体物品，还可以是无形的，比如说组织、服务、观念等。① 因为消费者需要的不仅仅是某种物品，还需要这种物品带来的价值和效用。市场上的产品要吸引顾客来购买，首先要让顾客注意到，然后是满足顾客的需求，让顾客喜欢买、愿意买、主动买，这就是产品存在的意义，也是产品的价值。在产品设计中，产品的实体形式能被直观展现给顾客，要想实现产品的价值和核心利益，就要在实体上附加顾客需求的效用，进而使其成为一个完整的产品。

菲利普·科特勒与其他学者都认为想要完整地表述产品的整体概念，就要从五个层次来叙述。20 世纪 90 年代之后，这五个基本层次更加专业化，对产品的表述也更加深刻和准确，这五个层次内容为：

---

① 杨璨，张皋鹏.以产品和服务为核心的服装品牌战略［J］.北京服装学院学报，2013（1）：13.

（一）核心产品

这是真正涉及顾客需求利益的产品。顾客在消费购买产品时最需要的并不是产品本身的实体，而是这个产品能满足顾客内在的需要或利益。这是顾客真正想要买到的东西，所以被叫作核心产品，它在产品整体概念里占据核心地位，也是产品最主要的东西。

（二）有形产品

在市场中主要以实体物品的形式出现，还包括物品服务顾客的形象。比如产品的外观造型、名称包装以及质量水平等，是能实现核心产品的形式，人们在市场上很容易就能看出有形产品存在的意义。消费者追求的产品一定要有基本效用的，这些效用要通过有形产品的形式反映给消费者，从而激起消费者的购买欲望。在进行产品设计时，要站在消费者的角度进行产品的开发和产品市场营销，也就是说将产品的利益摆在消费者面前，满足消费者需要，使消费者感受到有形产品的魅力。

（三）附加产品

是指消费者在购买有形产品时所获取全部的其他附加服务和效益，比如说提供信贷、质量保证、免费送货安装以及售后服务等。附加产品这一概念，其实来源于对市场需求的深入分析。因为消费者购买的目的是满足自身的某种需求，因此他们希望得到和满足这个需要有关的一切东西。美国学者西奥多·莱维特认为，当前新的竞争不在于各个公司生产什么样的产品，而在于它的产品所能提供的附加利益（像包装、送货、仓储、服务、广告、融资、顾客咨询及其他有价值的产品形式）。[①]

---

① 戴超，吴文杰. 售前售后服务对珠宝消费者购买行为的影响［J］. 中国市场，2013（25）：3.

（四）期望产品

就是消费者在购买某种产品时一般期望和默许的一组产品属性和产品条件。通常情况下，消费者购买产品，会根据以往的购买经验和企业相关的营销宣传方式与效果，对想要购买的产品自动形成一种期望。比如对酒店，顾客期望的是干净的床、毛巾、热水、香皂、电话和比较安静的环境等。消费者所得到的，也是他们在购买产品时所应该得到的，也包括企业开发产品时应该设想并提供给消费者的。对消费者来讲，在获得这些产品基本属性的同时，并没有过多地形成偏好，然而如果消费者没有得到期望的东西，会觉得不够满意。这正是因为消费者没有得到他们应该得到的东西，就是消费者没有得到所期望的一件产品所有的属性和条件。

（五）潜在产品

是指某一产品最终可能实现的所有附加部分和新添加的功能。许多企业会对现有的产品进行附加和扩展，不断增加潜在产品提供给消费者的价值，这样一来，给予消费者的就不仅仅是知识产品的基本属性，还包括消费者在获得这些产品新功能的同时，内心所感到的喜悦。因此潜在产品道出了产品内在的可能演变与进化，能让消费者对产品的期望值越来越高。

二、设计的种类及特征

对"设计"的定义，可以从两个角度来解释。其一是观念角度，设计是一种想法和构思，可以改造可观的现实世界，这种解释比较简单直白；其二是学科演变发展角度，设计是一种称呼，倾向于行业性。[①]

---

① 袁园，刘兵．从STS视角看设计学科中的"生态"概念及其应用与问题［J］．科学技术哲学研究，2014（1）：91-96.

　　设计充斥于人们的日常生活中，属于人类特有的创意活动。从产品的角度来说，人们不仅有生理和心理上的需要，还对产品的实用性、美观性、舒适性等有一个评价标准，因此在进行产品设计时，设计师要将产品的生产材料和生产工艺都考虑在内。对于生产厂家而言，他们更注重材料的成本与产出、生产过程中的工艺以及产品生产后的市场与价位；对于中间商而言，他们注重的是产品成本，还有运输及售后的服务；对于消费者而言，他们注重的除了产品的价格，还有产品的实用性与造型。站在不同群体的立场上就会有不同的设计。为了对同类产品的生产与销售有统一的调控，政府在宏观上应通过市场的调节，使产品能稳定发展。这些能解决人们的生活需求的前期工作，都可以被叫作产品设计。而《设计艺术教育大事典》对设计的本质有较全面的论述（以下为部分摘要）：

　　设计是有目的、有预见的行为。在需要从事何种行为之前，就已经具有明确的目的，或者说行为结束时所出现的结果在行为开始时就已经存在于行为主体的思想中了。

　　正如马克思在《资本论》第一卷关于"劳动过程"的论述中所说，蜘蛛结网颇类似织工纺织，蜜蜂用蜂蜡来制造蜂房，使人类许多设计师都感到惭愧。但是，连最拙劣的设计师也比最灵巧的蜜蜂要高明，因为设计师在着手用蜡来制造蜂房前，就已经在头脑里把蜂房构成了。所以说，劳动结束时所取得的成就，在劳动开始时就已经存在于劳动者的头脑当中，已经以观念的形式存在了。[①]

　　设计是自觉的、合规律的活动。恩格斯在 1876 年写的《自然辩证法》一书中如此体现：人的设计活动是在认识和把握客观规律的基础上所从事的高度自觉的活动。人在确定其设计目标和达到这一目标时的一切活动都必须自觉地服从客观世界和人体自身的规律。虽然设计师的设想和计划是

---

① 张定鑫. 马克思的劳动本质属性思想［J］. 哲学研究，2014（7）：37-42.

属于精神范畴的活动，但由于它规定的目的必然会对人的行为产生特定的引导和指挥作用，所以设计对实践具有指向性和指导性。人在有目的地改造客观世界的复杂过程中，总是经过许多"设计—实践—再设计—再实践"的反复循环达到最终目的。

设计是生产力。生产力是人类征服自然、改造自然的能力，从这个意义上来说，设计是生产力的组成要素之一，而且是积极、活跃的。"简单劳动"与"复杂劳动"的区别就表现在创造力上。富有创造力的人才是带着设计的品格参与生产力实践的人，才能创造更多的财富。

三、产品与商品的区别

除产品以外，我们在日常生活中提到的另一类物品被叫作商品。产品与商品有着不同的概念，对产品的设计活动也有不同的影响，我们应该将这两种概念进行区分，那么什么叫作商品呢？

当劳动产品被生产出来是为了交换时，就会成为对他人或者社会有用的商品。狭义的商品就是有形的产品，仅符合商品的表面定义。而无形的服务也可以是商品，比如"保险产品"等，这是广义上的商品概念，在有形的产品外包含其他内容。

产品与商品被生产出来都是为了满足人们的生活需求，也都有狭义和广义的区分，那么怎么能更好地理解这两种物品呢？从定义来看，商品的本质在于交换，有交换这一动作就是商品；反之，没有这一动作就是产品。以电动车为例，门店销售的电动车是为了卖给消费者，与消费者之间产生了金钱与物品的交换，在这个过程中，电动车属于商品。但是消费者拥有电动车是为了使用，在使用过程中，电动车就是一件产品。如果不用了要卖出这辆电动车，那么在二次交换的过程中，电动车又成为商品。因此，商品在交换后一定会给生产者或经销商带来利益。

在理解商品与产品的概念区别后，我们不难看出，商品更注重的是经济价值。在进行产品设计时，设计师不仅要把产品的价值体现出来，还要注意产品在市场上能带来的利润，要吸引消费者为产品消费，最大化地实现产品价值。商品被购买后就成为产品，人们对产品价值需求既包括经济性和实用性，还包括精神方面的审美需求和人性化需求等。所以产品设计最重要的是以客户为中心，满足客户的生理或心理需求，将产品的功能与美观、经济与创新相结合。

第二节　产品设计

一、产品设计的概念

（一）产品设计的定义

产品设计的目的是满足用户在生理或心理上的需要，以及解决用户遇到的问题，将用户的设想实现出来。产品设计一般是以活动的方式进行，从市场调查到产品的外观和工艺等设计，再到投入市场后的市场反馈，这一系列的设计活动都是产品设计的一部分。通过产品设计，最终进入人们生活中的产品不仅有实用的功能效用，还能满足用户的精神需求和使用需求，给用户带来方便。

在进行产品设计时，设计者要考虑产品部分与整体之间的关系，以及产品本身与外部因素间的关系，对设计做一个综合性的考虑，因此产品设计是系统化的。在这一设计过程中，产品的功能和外观形象都要有内在价值的，既要满足产品的效用，又要融入艺术的装饰，在功能技术和艺术创作方面进行一个完美的结合，满足人们物质或精神的需要，协调好产品、用户和环境这三者间的关系。

（二）产品设计的分类

产品被设计出来后所服务的对象不同，那产品设计的分类标准也就不同。从大的类别来看，主要有家居产品、交通工具产品及通信产品等；从每个大类细分出小的类别来看，又可以将设计对象更加具体化，比如家具和电器、电动车和火车、手机和电话等。每种大类的产品设计都可以分成更多更小的类别，以满足用户的各种细微需求。在进行产品设计时，要对产品做出不同的侧重点区分，因为不同的产品有不同的特点和属性，服务的对象群体也不同。总结下来，产品设计可分为改良设计、方式设计和概念设计三种。

1. 改良设计

改良设计是基于对现有产品的考察认识，以人的潜在需求为指引，客观全面地分析产品，以求发现现有产品设计上的缺陷，并对产品进行优化、充实和改进的再开发设计。改良过程中强调产品适应人这一现代设计观念，改良后的产品更加注重产品与人之间的协调关系。

虽然在产品设计过程中，设计者对设计方案做了大量的探讨研究，尽力避免可能预见的缺陷，但受当时的技术条件或设计者本身能力的限制，最终的产品存在或多或少的缺陷，这些缺陷很多是在消费者使用的过程中才暴露出来的。改良设计正是在发现这些缺陷的基础上进行的再开发设计，经过改良后的产品一般继承了传统产品的主要功能及物质技术条件，仅在有限的范围内做功能上的完善及外观形态上的创新，使得新产品既能更好地协调产品与人及环境的关系，又不会像全新产品那样带给消费者陌生感。因而改良设计已成为生产者提升竞争能力的主要手段。

运用改良手段设计出的产品有很多，例如最初的电热水壶仅有烧水的功能，烧开后壶内水温逐渐下降直至冷却，这给希望随时能喝到热水的使用者带来了不便。而设计者通过改良设计，为水壶添加了保温功能，使用者可以通过按键对此功能进行控制，自行选择是否进行保温。这样，通过改良，不仅完善了其功能，而且使该款产品更加人性化。

2. 方式设计

由于人们在日常生活中有不合理的生活方式，产品设计研究了人们的行为和生活，将产品的运行方式与人的生活特点联系在一起，这种符合人的生理或心理特质，通过产品与人之间的关系创造新产品的产品设计方式就叫作方式设计。

在方式设计中，产品要以满足人真正的需求为主，并作为一种让人们生活更美好的中介存在，使人与环境在产品的帮助下更加和谐。通过方式设计，人与产品之间的沟通会更合理、更融洽。

产品改变了人们的生活方式，使人们的生活更加丰富多彩，电灯就是一个例子。传统的生活方式就是日出而作，日落而息，由于太阳光线的影响，人们的学习和生活活动都受到了限制，而电灯的发明，让人们在光线不足的白天或夜晚都能自主安排生活的内容，它改变了传统的生活方式，为人们的夜间生活带来全新体验。

3. 概念设计

概念设计是指以用户需求为依据，在不考虑现有的生活水平、技术和材料的情况下，根据设计师的预见能力所达到的范围来考虑人们的未来，它以设计概念为主线，贯穿全部设计过程。

概念设计中流露出的是设计师对未来潮流及生活方式的把握，这些概念往往成为今后潮流发展的风向标。每年的时装发布会、车展等活动中，都少不了概念产品，它们引导了人们对产品的思考。同时，消费者对它们的反应也成为设计者进一步设计的依据。

奔驰 Biome 车型采用了非常独特的 1+2+1 的座椅布局，采用独特的 Biofibre 材料设计。Biofibre 材料是一种人工合成的新型材料，其重量远比金属轻得多，但是硬度却远超过钢材，这也是奔驰在新材料技术应用方面的拓展。

（三）产品设计在工业设计中的地位

产品设计在工业设计中占有重要地位，虽然工业设计也有广义的定义和狭义的定义，但是在这两种定义里，都明确地表示工业设计的核心就是产品设计。从广义来看，工业设计是有特殊目的的，要想达到这一目的，就要构思一个可行的方案，并通过一系列手段实施该方案的过程中要进行的产品设计；从狭义来看，工业的设计内容就是工业上的产品，范围比较窄。

工业设计开始于工业革命时期，此时拥有现代化工业的工厂生产了大批量的工业产品，造成了工业市场的饱和，产品之间的竞争也逐渐激烈。为了为工厂生产出的批量化产品提供更好的市场，工厂就开始对产品进行工业设计。加上现代主义运动、工艺美术运动和新艺术运动等的加持，工业设计师依照自己的个性设计有独特风格的产品，将潮流与设计融合在产品中。随着工业设计的不断发展，不同时代的不同地区对产品有了不同的需求，因此设计师的设计重点也随之变化，有了功能与形式上的侧重，并将产品打造成随时代流行的风格，这样的发展变化使产品设计和工业设计都随着时代的发展得以流传下来。

（四）产品设计的意义

产品设计涉及人们衣、食、住、行的各个方面，反映着一个时代的经济、技术和文化，对人的生活、经济的发展以及环境保护等方面都有着重要影响。

1. 产品设计改变生活

产品设计的中心就是用户。用户在生活中会遇到各种需要的产品来解决难题，这些都是产品设计活动要围绕的点。在产品设计过程中，要对问题进行发现、分析并最终解决。产品设计要将产品的功能和使用技术更直观地展现给用户，使用时更加方便快捷。

产品设计改变人们生活的例子有很多，比如说汽车和手机。汽车作为一种交通工具，缩短了人们居所间的距离，改变了人们的出行方式；手机作为一种通信工具方便了人们之间的联系，改变了人们的通信方式。

产品设计在产品的功能性上有了提升，对产品的外观也有了更好的改变。用户更倾向于使用有美观外观的产品，因为它能给人们带来愉悦感，让人们有更强大的动力去创造美好的生活。因此，产品设计也从情感方面改变和影响了人们的生活。比如跑车，它有流线型的外形和炫酷的车灯，车主的感官在开跑车过程中能得到强烈的刺激与快感。

2. 产品设计推动经济发展

一件产品在从概念转化为实体的过程中，需要将物质技术条件作为支撑，这就使得产品与原材料、加工制造业等行业保持紧密的联系。在产品销售阶段，需要对产品进行宣传推广，这就使得产品与广告业建立了联系。很多产品在销售后，需要提供安装、维护或其他售后服务，从而使得产品与服务业紧密相连。这一系列的联系，使产品和与之相关的行业形成了产业链，从而在企业不断推出符合市场需求的新产品时，带动整个产业链向前发展。例如，汽车的生产制造带动了钢铁、石油、汽车服务、汽车软件开发等行业的发展。

产品设计是一种有目的的活动，无论是生产者还是设计师，进行设计的目的都是将产品的功能、物质技术和审美性进行完美的融合，从而增强产品的综合竞争力，提高产品的附加价值。同时，产品设计是以市场需求为依据。在产品的设计阶段，设计者就已经考虑到产品的生产销售问题，以求设计出的产品在满足使用者需求的同时，降低生产成本、便于制造，从而为企业带来更多的经济效益。

总的来说，产品设计在为众多企业争取市场优势地位的同时，能带动与之相关行业的发展，进而推动整个社会经济的发展。

二、产品设计的程序与方法

产品设计是一种需要综合考虑多方面因素的系统化设计，合理的设计程序无疑能为设计活动提供良好的指向，提升设计效率，确保设计成果的品质。因而设计程序的合理与否，对产品开发的成功率有着重要影响。而产品设计方法作为产品设计程序中运用的方法策略，主要包括调研、草图绘制、模型制作、综合评价等，它是设计程序中为实现设计目标所采取的必要手段和途径。设计程序中的每一阶段都有实现它的具体方法，程序与方法构成了一个完整的概念。

产品设计的对象形形色色，不同的设计对象对设计活动有着不同的要求，因而不同产品的设计程序与方法往往并不相同。即使是针对同一个产品，在不同时期、不同决策者的指导下，设计的程序与方法也不相同。但无论是设计何种产品、面对怎样的条件，设计都应该是以用户为中心，并大致可分为以下三个阶段：设计准备阶段、设计展开阶段和验证与反馈阶段。

（一）设计准备阶段

1. 提出设计任务

人们在日常的工作、学习和生活中总会不断有问题和需要产生，产品设计的目的就是使产品更好地服务于人们。产品设计是否成功取决于产品能否以更好的方式解决人们的问题和需要。提出设计任务就是为了发现并解决这些困扰人们的问题。在提出设计任务的过程中，首先就要有设计方向，然后提出设计任务方式。这种方式一般有四种：第一，客户寻求委托，由个人设计或设计团队产生设计任务；第二，设计师依照自己的生活经验对生活中可能存在的问题进行观察和分析，进而产生设计任务；第三，企业在发展壮大的过程中有产品设计的需要而产生设计任务；第四，国家规划要求实现某一目标而产生设计任务。

2. 确立设计框架

在进行设计活动的过程中，首先要对整体活动有大概的把握，确立设计框架，然后在框架内设计具体的活动步骤。产品设计框架对设计活动的完成人和设计活动完成方式做了规划，最终得到设计结果。

确定设计活动由谁来完成其实就是要对设计人员进行组织规划，成立设计规划小组（小组成员一般包括设计师、工程师、销售人员），小组成员之间需要保持良好的沟通与协作，这是设计工作取得良好成果的基础。

确定应该怎样完成设计工作实质上就是需要编排具体的设计计划，设计计划中包括整个设计过程中的一系列活动，将这些活动根据前后关系划分为若干阶段，规划出每个阶段的设计任务以及在这个阶段用到的设计方法，并预计每个设计阶段可能需要的时间。设计计划通常以表格的形式展示，直观明了。

3. 设计调研

在设计框架确立后，就可以开始有计划、有目的地调研了。设计调研在产品设计过程中有着举足轻重的作用，设计的重点、针对的人群、价格的定位等都是在分析调查资料后得出的。调研活动可以分为两步进行，第一步是开展设计调查，收集尽可能多的资料，第二步是将收集到的资料进行归类整理，进行认真的分析研究。

设计调查是一个信息采集的过程。采集过程中可以先不对资料进行分析，以能得到多而全的资料为主，调查主要分为以下两个方面：

（1）市场调查

调查对象主要包括市场环境、市场的需求、产品的消费潜力、消费者对产品的需求、竞争产品的相关信息等。

（2）产品情况调查

调查活动围绕现有的产品进行，包括现有产品的功能、结构、种类、价位，与产品相关的专利、标准、法规等。

4. 确定目标

在设计调研的基础上，设计师及其他设计相关人员要以敏锐的洞察力进行综合判断，发现对目标产品期待最大的消费人群，从而确定产品所针对的使用对象。同时考虑产品的销售潜力、市场占有率及与相近产品相比所具有的竞争力，从而进一步确定目标产品适合的使用地点、环境及价位等。

（二）设计展开阶段

1. 设计概念构思

在目标确定之后，设计师需要对产品的功能、结构、外观等进行初步的构思，构思过程中要力图摆脱惯性思维的束缚，提出具有创新性的设计概念，寻找到解决问题的新方法、新途径。

2. 草案设计

草案设计阶段，是一个设计思维不断扩散、灵感得到表达的阶段。设计师利用铅笔、钢笔或签字笔等工具迅速绘制草图，草图不需要画得很细致，一般仅需勾勒出产品的大概形状及设计的亮点，以捕捉瞬间的灵感、传递设计理念。初期的草图数量往往很多，它们从整体或局部对产品进行着发散构思。

一件产品的出现一定伴随着材料和加工工艺的产生，想要完成一件产品，一定要有物质技术的保障。在每一个草案中，物质技术条件是必需的，它能实现产品需要的功能和结构的产生，如果没有物质技术，那么产品只能停留在概念里，无法被创造出来实现产品价值。设计师在设计产品时要将物质技术知识应用进草案中，了解产品材料、结构和工艺等。

有了设计方案，就要有产品效果图，这样才能更好地预见产品造型。

绘制效果图的方法主要包括彩铅画法、马克笔画法、计算机辅助工业设计等，用这些方法将效果图平面展示出来后，运用平面设计软件或三维建模可以将产品的立体形态展现出来，使产品效果更加真实。产品效果图还会出现在广告设计和宣传中，包括产品的整体形态图和使用时的状态图，有时还会出现局部细节图等。

在草案设计的过程中一定会出现多个草案的情况。针对数量众多的草案，要进行初步评估，筛选出理想方案，再进行深入设计。对草案的评估主要包括产品的设计理念、产品功能是否合理和可实现等。

3. 定案设计

经过筛选确定下来的草案，已经有了一定的可实现性，但还不够具体和完善。在定案设计阶段需要对方案进行结构设计、材料规划及工艺分析，确保产能从概念成功转化为实际，并有良好的可生产性。

4. 设计优化

上述的定案设计过程更加注重产品的可实现性，以确保产品的与使用功能。在设计优化阶段则需从更多的角度强化产品，进一步斟酌和完善产品的造型、结构尺寸、材料工艺、生产成本及人机协调性等，使之更精、更优。

对一些结构较为复杂或要求较高的产品，通常还需要制作草模，以便更好地把握设计产品各部分的比例关系或线型的流畅性等。制作草模通常选用石膏、泡沫塑料、油泥等材料，这些材料可塑性强且容易操作，能为草模的制作带来便利。

优化后需要对方案进行再次评估，以确定设计出的产品达到设计目标。再次评估阶段主要从产品的物理性能及精神层面进行考察，确保产品在拥有功能性、安全性的同时，能为使用者带来一定的心理满足感。

5.设计结果

这是完成产品生产制造的最后一步,设计结果一般会体现在工程图纸上,为了保证可读性,对工程图纸国家是有标准规定的,通常图纸上会有产品的整体尺寸、装配步骤和个别零件尺寸。有了工程图纸,产品设计概念与生产制造的桥梁才能真正架设起来。

绘制出产品图纸后,还要确定产品的功能结构是否完整、产品的零件装配是否合理,因此要制作出模型样机来体现更直观地感受产品效果。模型样机一定要有该产品被批量制造后的所有功能和特点,但是样机本身不会被批量生产,有了模型样机才能对产品的批量化生产有更充足的把握。

在完成以上所有步骤后,要将所有工作进行整理归纳,写成设计报告。设计报告中要有产品设计过程的详细记录,一般要有文字和图表解释产品内容,还要有最终的产品效果图和模型照片。阅读者在阅读设计报告时,要能精准地提炼出产品设计思路以及重点和亮点,因此报告内容要全面精练、重点突出。

(三)验证与反馈阶段

1.小批量生产

虽然产品设计是在充分分析了目标产品的大量信息后展开的,设计过程中也进行了多次评估与验证,但最终批量生产出的产品仍有可能出现超出预计的问题,如模具有瑕疵、生产计划不够合理等,这些都有可能使最终结果偏离设计的预期目标。因而,很有必要在大批量生产前进行小批量生产与投放,以验证该产品的实用性能,同时测试市场的接纳程度并且收集用户的反馈信息,为进行大批量生产做准备。

2.大批量生产

经过小批量生产验证后,企业能对产品的前景有了初步把握。在开始大批量生产销售前，需要对该产品进行外观包装设计和广告宣传。由于设计师对产品的了解最为充分，这一过程通常需要设计师参与，以便充分展示出该产品的亮点与价值。当产品进入市场后，设计师的工作并没有因此中止，相反，设计师还需要协同销售人员制订销售计划、做市场调查，并将用户反馈的信息进行整理分析，发现潜在的问题或价值，为以后的改良设计、新产品开发做准备。

三、产品设计的要素

产品设计是一个系统化的设计过程，在这个过程中需要考虑与产品相关的诸多要素。对设计进行不断分析完善的过程，实际上就是对这些要素进行综合协调的过程。传统上，产品设计要素通常包括功能要素、物质技术要素和审美要素三个方面。随着产品设计体系的不断完善，产品设计要素也在不断地扩充。经过综合考虑，我们可以将众多因素归纳为人的要素、技术要素、环境要素和审美要素四个方面。

（一）人的要素

人是产品的使用者，是产品服务的对象。因而，人的要素是产品设计中要始终围绕的最基本要素。

产品设计的目的是为使用者带来使用的便利及心情的愉悦，这就要求在产品设计时关注人的需求。人的需求是多种多样的，可以将其简单概括为生理需求和心理需求两类。关于人类需求的研究，目前被广泛接受的是美国心理学家马斯洛提出的"需求层次理论"。

如图 1-2-1 所示。这个理论将人的需求分为五种，像阶梯一样从低到高，按层次逐级递升，它们分别是生理需求、安全需求、爱和归属感需求、尊重需求、自我实现需求。下面对这五种需求做简要介绍：

图 1-2-1　马斯洛需求层次理论

1. 生理需求

这是人们生活中最基本的需求，也是最原始的需求，在金字塔占据最底层。人们的生存要在满足生理需求的基础上才能实现，如果这类需求得不到满足，可能会危及生命。生理需求包括衣食住行、医疗等。在整个金字塔中，生理需求是最不可避免的，也是最强烈的，支撑了人们所有的生活活动。设计师可以通过医学和人机工程学来研究人的生理需求。

2. 安全需求

人们的安全需求的强烈性仅次于生理需求，当生理需求得到了满足，安全就变为人们首要考虑的事情。人们除了希望没有天灾人害，对未来生活和职业劳动等都有安全的需求。从产品的角度看，消费者希望购买到对人们安全有保障的产品。因此生产企业想要保证持续发展，一定要将产品的安全放在第一位。

3. 爱和归属感需求

不同个体有不同的社交圈，每个人对归属与爱的需求都是各不相同的。

这种需求往往出现在家庭、朋友、同事之间，会产生对亲情、友情和爱情的需要。而人们这种对感情的需求又是很细微的，因此在产品中对关怀和理解的设计通常是无法度量的。因此设计师要在产品设计中考虑产品对用户使用情感方面产生的影响，产品应该传达的是积极向上的情感。

4. 尊重的需求

每个人都会渴望得到他人的尊重、获得较高的权威、拥有一定的社会地位。尊重的需求往往需要人付出诸多努力才能得到，而且人们不易得到完全的满足，一旦有一定程度的满足，它就会成为人们行动的推动力量。

5. 自我实现的需求

人在前几种需求得到满足后，就会追求自身价值的体现，产生自我实现的需求。在这种需求的驱使下，人们期望能最充分地发挥自己的潜在能力，完成与自己能力相称的工作，进而成为自己所期望成为的人。

正是因为人的需要有着一定的层次，在设计产品时，设计者应遵循人需求的层次，在保证功能性的基础上，进一步寻求更高层次的价值，力求能为使用者带来被关爱、被尊重甚至是达到自我实现的感觉，来满足人精神上的需求。

（二）技术要素

什么是技术要素呢？产品从概念到实体的过程中，需要物质技术的加持。在产品设计流程中，产品材料、加工工艺、实现功能的核心技术等都属于技术要素。在产品进入大众视野之前，设计者要对技术要素进行严格把控，保障产品的功能实用性和安全性。

技术要素是产品成为实物的方法和途径。科学技术的飞速发展为产品设计中的结构、工艺和材料提供了新的选择和实现方式，因此科学技术与产品设计是相辅相成、相互促进的。有了新功能、新技术的产品会给人们的生活带来极大的便利，并且能促进科学技术的进一步发展。

学科的发展也能影响科学技术的进步，比如机构学、动力学等学科的发展，就给汽车生产技术提供了有力的理论支持。汽车不仅在功能方面更加完善，在自动泊车等科技方面的发展也有了更加广阔的空间。除此之外，3D技术也在不断成熟，从3D电影到3D眼镜，再到3D电视，数字影像技术发展得越来越好，其他科学技术也得到了更好的发展。

设计师掌握了技术要素后，通过科学技术可以对产品设计提出不同的设计思维。从不同的角度来看，产品设计可以根据新技术的产生设计出专门的新产品，也可以在原有产品中应用新技术，使之升级为具有新功能特性的产品。不同的角度会衍生出不同的产品设计，但是都能为科学技术的发展提供不竭的动力。

（三）环境要素

环境要素，在这里既指产品存在并参与其中的自然环境，又包括该产品全寿命周期所面对的社会环境，如政治环境、经济环境、文化环境、企业环境等。

任何产品都不是孤立存在的，产品所处的环境必然会对产品设计产生一定的影响。在环境问题日益严峻的今天，在产品设计、制造、使用、回收的过程中，都需要认真考虑产品的环境友好性，减少对环境产生的不利影响。在倡导低碳生活的当下，可持续性、环境友好性已经成为产品设计必须考虑的重要因素。例如，新能源汽车（指除汽油、柴油发动机之外的所有其他能源汽车）因其良好的环境属性，污染排放少，正越来越受到人们的关注。

不同地区经济发展水平不同，人们的价值观念也有所不同，设计者在设计产品时就需要考虑目标人群的购买能力，对产品做出合理的价格定位。未充分考虑产品所处的经济环境就进行盲目设计、生产，会给企业带来极大的风险，多数情况下这种不成熟的决策会导致惨痛的结果。例如，作为中国白色家电巨头的科龙电器，曾投资一亿元用来开发和推广儿童冰箱，并于 2002 年 8 月底推出了 10 款容声"爱宝贝"儿童成长冰箱，这些冰箱不仅拥有可爱的卡通造型，还有 LCD 显示屏及娱乐功能。儿童冰箱上市时很抓人眼球，但是叫好不叫座，销售业绩惨淡。造成这一情况的主要原因是，生产方没有分析在当时的经济条件下我国家庭是否有购买儿童冰箱的需求。当时，我国的大多数家庭经济能力有限，同时使用两台冰箱会带来不必要的负担。此外，通常儿童的独立空间小，居住环境不允许家里摆放两台冰箱。对产品所处的经济环境考虑不足，致使科龙遭受惨重的经济损失。

每个国家都有其独特的文化，产品所处的文化环境对产品设计有着重要影响。设计产品时，需要对产品销售地的风俗文化做一定的了解，如若不然，设计出的产品很可能给企业带来意想不到的灾难。例如，德国 NICI 玩具公司，为 2006 年的德国世界杯设计了吉祥物——狮子格列奥。它身上穿着白色球衣，有着一头浓密的鬃毛，这样的形象本来不失可爱。但在德国，消费者普遍认为它不穿裤子是不合适的，并且那些鬃毛使它看起来十分邋遢；此外，德国的传统标志是飞鹰而不是狮子。而正是源于设计上的失误，最终致使 NICI 公司破产。

（四）审美要素

产品设计要求除了有功能性和实用性，还要有美好的形态外观，因为美好的事物往往会给用户带来精神上的愉悦，因此审美要素在产品设计中也是不可或缺的。审美要素包括产品的外观色彩、纹理以及产品的寓意等，这些都能更好地展现出一个产品的美好，提升人们的审美能力。这些要素之间相互影响，能构建更加美好的生活世界。

设计师为了让设计出的产品引领时尚潮流、符合市场行情，通常会在审美要素上发挥自己的风格，依照审美经验预测市场未来的时尚风向，灵活的审美要素也能给设计师带来更大的发挥空间。一件拥有市场竞争力的产品一般会有较美好的外观造型，能符合大众的审美、吸引用户购买，为产品设计带来丰富的产品价值。

四、产品设计的发展

（一）产品设计的现状

1. 产品创新意识薄弱

产品设计在现代来说，已经是知识意识和人类心理的物化，是理性构思和感性融入的结合体，也是社会、科技、经济、艺术等方面统一的创造活动。[①] 产品设计人员的设计意识是由个人意识上升为社会意识的，只有充分表现出设计的社会意识，产品设计这一活动过程才能被重视、被认可。一个国家的产品设计发展走向怎样，也是取决于这个国家社会意识对产品设计这一内容的需求。在人们周围，产品设计这一概念常常被社会"作为肤浅的比附，即使没有被丢弃，至少也是被冷落和轻视的"，更谈不上去深刻地体现或者揭示社会大众的消费心理。同类产品的功能、造型、色饰、材料等设计都大同小异，缺乏原创设计。

当产品设计人员的个人设计意识达到一定的程度，或者产品设计发展到一定的阶段时，必定会让产品设计成为人们社会生活中的必需品，从而汇聚成为一定的社会意识并替代整个社会意识。当然，只有社会意识对产品设计极度重视，并形成产品设计意识的时候，我们的产品设计才能焕然新生。

---

① 吕长征，曹明，徐晓斌.依托浙江特色工业设计示范基地优势资源提高学生创新、创业能力研究［J］.轻工科技，2013（9）：2.

2. 人们认识的缺陷

随着科学技术的飞速发展，人们的消费观念已经产生变化，更加注重生活质量的提高。有些企业为了最大利润地盈利，已然固化自己的经营理念，低成本的标准化产品被批量生产，虽然厂家在这种盈利模式中获取了较大的利润，但是这些产品已经出现"同质化"的问题。人们的消费方向正逐渐向"个性化"的小批量产品靠拢。

3. 产品设计人才缺乏

由于教改扩招的规模变大，学校对艺术设计方面的教育资源需求也加大，但是很明显的问题就是资源紧缺。一个教师要给数百名学生授课，这种制度无法满足学生的个性发掘。产品设计人才要将自己的创意融入产品中，这种教育模式的特征是大规模与批量化，无法培养出产品设计人才。

在这样的授课制度下，产品设计人才的缺乏制约了市场发展规模，用人单位也反馈产品设计学生跳槽频繁缺乏创新的问题。产品设计不仅是艺术的设计，还是技术和文化方面的设计。社会市场需要的产品设计师应该把产品打造成有特色的品牌产品。市场想要壮大，就要增加同类产品的品种，给消费者提供更多的选择。

（二）产品设计的发展趋势

当下的消费和生产领域，有创新、有新意的设计已经成为主要的市场营销的方式之一，为了刺激顾客消费，企业需要不断推出新颖的产品设计来赢得市场。由此，产品设计的发展也越来越受人们的关注和重视。要继续完善产品的设计，就需要在产品的基础上不断探索和创新，寻求新的设计理念。我国当前产品设计的动态和趋势，也影响着企业产品设计的未来走向。[1]

---

[1] 李金祥. 我国专利市场现状及发展方向分析 [J]. 中国发明与专利，2011（9）：58-62.

1. 产品的绿色设计

随着人类社会的不断进步，产品设计创造了快捷、方便、舒适的现代社会生活，可是这样一个过程不可避免地造成了自然资源的加速消耗、环境的污染、生态平衡的破坏。在这样的大背景下，我国可持续发展理念的提出无疑是十分正确的。以保护环境、人与社会自然和谐发展为宗旨理念的绿色设计在中国应运而生，也就是现在所说的生态设计、环境设计。绿色是生命的象征，是未来人与自然之间取得和谐平衡的基本标识。

2. 产品的人性化设计

总体而言，产品设计的出发点是让人类生活更加便利，设计人员通过先进的技术手段将人的思维创新转变为实际的产品，最后实现为人类服务和解决生活实际问题的目的。社会发展技术进步，人们对设计的理解和认识，是处理"人与物"间关系的一个突破口，尊重使用者的使用需求和心理感受、以人为本的设计考量将逐渐成为当今深受关注的话题。[①] 人性化的产品设计是指能真正反映出对人的内在关照和基本需求的，也是当下最通行的设计理念潮流和趋势，这是一种产品人文精神的具体体现，是人类与产品之间完美的契合，也是文明高度发达的必然结果。在新的世纪里，未来的人性化产品设计将有更加全面立体的内涵。

3. 产品的个性化设计

我国经济快速发展，物质生活和精神生活水平不断提高，人们开始追求与众不同的个性化设计的产品。当下顾客需求的分类和细化，要求产品的具体设计必须有较强的针对性，面对不同顾客人群的心理期望和使用需求能在产品上做到有的放矢，并综合考量设计方案中的细节之处，从而产生最为合适的产品设计方案，以此来完成产品的变化与创新，实现个性化的产品设计。从时代发展的角度来看，如今是一个重视差异性和个性化的

---

① 姚道.经验在产品设计中的应用［J］.产业与科技论坛，2011（10）：2.

时代，社会被以多样、变化的消费个体为基础的信息社会取代，逐渐培育了普遍追求个体独特性、心理自主和消费自主的新一代，而重视并充分表现人的个性化的设计将是产品设计未来发展的主要方向。

第三节　产品规划

一、产品规划的具体介绍

（一）产品市场与行业分析

在开拓产品市场的过程中，产品规划人员要对产品的市场定位、发展前景及销售情况有一定的研究和把握。用户在购买产品后一般会提出使用意见和改进建议，这些与产品相关的市场信息，以及对竞争对手的了解都属于产品规划的内容。

（二）人员沟通

在产品开发过程中会涉及多种人员群体之间的沟通，除了与产品有关的开发、设计人员，还有管理人员、负责市场的各层领导及购买产品的消费者。产品规划人员要与每个人建立良好的沟通方式，确保在产品的整个生命周期，所有人的交流都及时且畅通。

（三）产品数据收集与分析

产品规划人员的基本工作内容就是对与产品相关的各项数据进行收集和分析，在产品规划中对数据与规划进行严谨的科学研究，以便做出正确的决策，为后续工作的开展奠定基础。

（四）提出产品发展愿景

产品发展愿景与公司的特点相关，是产品规划的基础任务要求，本公司的每个人都应该理解并熟知公司的愿景目标。

（五）形成长远的产品计划

除了产品的愿景目标，产品的长期发展计划也是产品规划内容的重要部分，一个产品要想有长远的发展前景就要有产品计划，在设计产品和描述产品方面都要有明确的规划。

产品规划会贯穿产品的整个生命周期，不受产品开发的周期影响。产品规划人员在完成产品规划内容时，要根据产品的市场、创新、销售等内在或外在情况随时对产品规划做出完善和调整。对产品规划的方式，各公司并没有明确的规定，因此这是与产品开发中其他工作内容不同的地方。

二、产品规划过程

（一）理解市场

理解产品市场是产品规划过程的第一部分，也是产品规划人员为产品规划所做的基础工作。产品只有拥有更好的产品特性才能满足市场需求，引领市场方向。[①] 而市场的需求并不只有现阶段才会产生，很多潜在需求需要产品规划人员根据产品现有市场情况进行分析与发掘并做出相应规划。对市场的分析观测可以从以下七个方向进行：竞争分析、SWOT分析、市场分析、自身分析、环境分析、业务设计评估和描述市场地图。对这七个方面进行研究，可以让产品规划人员更好地理解市场。

（二）市场细分

市场细分是公司根据顾客需求的差异，将产品市场划分为不同层次的顾客群体的过程，其客观基础就是顾客需求生来的一致性。所以进行产品市场细分的主要根据就是在这个异质的消费市场里寻求需求一致的消费群体，也就是要在不同当中寻求相同。产品市场细分的目的是组合不同的产

---

① 李文伟.中小企业市场营销战略探析［J］.经济视角（旬刊），2013（8）：3.

品类型，即在有着不同需求的市场里把需求相同的潜在顾客聚合到一起。这一概念的提出，对企业的发展具有重要的促进作用。产品市场细分的具体过程是，首先明确细分市场目标，再进行细分市场三维分析（Who？What？ Why？ ），然后整理及归纳信息，最后输出细分市场描述表。

（三）组合分析

组合分析作为一种研究技术，是用来研究顾客对产品以及产品服务偏好的。使用者通常以此来获知新产品各部分的相关属性对顾客的购买行为所产生的重要影响程度，以及各部分属性中可替代的各种因素的具体应用函数，从而帮助企业从多种可供选择的产品属性中挑选出更为准确适宜的。组合分析还能模拟做出理想状态下的产品市场份额的详细分布情况，包括每一类新产品组合可能占有的市场份额以及竞争产品的市场占有情况的详细描述，其主要方式包括对可选细分市场进行 SPAN 分析、对可选细分市场进行 FAN 分析、结合目标进行组合分析、更新细分市场描述。

（四）制定业务策略及计划

企业制定产品业务策略及计划，可以明确产品发展目标以及实现目标的计划和行动。制定业务策略与计划是整个企业产品规划的重中之重，也是实现企业产品业务目标、管理目标和财务目标的必由之路。科学合理地制定业务策略和计划是推进产品规划的关键环节。通常，指定产品业务策略和计划可以按照初步假定细分市场的财务目标，进行差距分析、ANSOFF 分析、综合技术生命周期分析、SWOT 分析、Sappeals 分析、利润区分析等，更新细分市场的财务计划，制订细分市场的业务计划，整理及归纳相关信息，按业务计划六要素展开为业务计划来进行。

（五）融合及优化产品业务计划

企业需要规划长、短期的战略目标，而针对企业现有特定的战略项目和目标制定的相应文件，在规定时间内必须完成和实现的，就是企业产品业务计划。所谓融合及优化企业产品业务计划，就是要基于公司的宗旨理念和发展方向来制定战略，对战略进行相应的目标分析并以此来制订各部门的中长期实施规划，可以整合产品业务计划，并且对业务计划做出承诺。

（六）管理业务计划和评估绩效

管理业务计划和评估绩效是开展产品规划工作的有效督促阶段，可以用于提升业务计划和评估绩效的管理水平，推动产品规划的科学进程，提高产品规划工作的效率。管理业务计划和评估绩效的内容主要有：定制任务书、确保业务计划的执行、根据业务计划评估表现、需要对业务计划进行改变等。

三、产品规划中的设计理念

产品规划中策略层面的考虑因素帮助我们界定了决策范围，但是还远远不够。当策略制定后，我们就需要将其细化到设计层面，到了产品设计时，功能定义的细节便被提到了讨论中。产品规划的设计是秉承以用户为中心的设计理念，以用户体验度为原则，对产品功能和体验进行研究并开展设计。如图 1-3-1 所示，通常可以分为四个优先等级，形成一个金字塔式的设计理念。

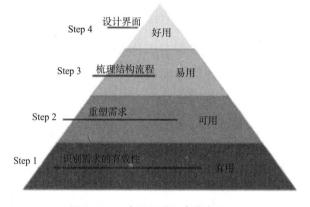

图 1-3-1 产品设计理念优先级

对新产品来说，优先且重要的任务是定义产品对使用者"有用"。"有用"是我们在定义及开发之前需要明确的一个产品方向，可以确保产品有着明确的功能定义和用户定义。比如冰箱的核心功能定义是保鲜和冷冻，用户定义自然也是使用这两种功能的群体。如果一个冰箱有着时尚的外观和实用的扩展功能，但是保鲜或冷冻的功能不够完善，那么对用户来说，这也是失败的产品，因为该产品的核心价值对用户群体没有用。

当我们了解了产品的方向，在开发时就要确保产品"可用"。"可用"是保障一个产品的审核标准，确保产品不会有功能性 BUG 的出现，确保产品的安全、速度、兼容、流畅等方面的性能。比如银行网站的核心功能定义是网上银行，虽然网银满足了"有用"的需求，但是在"可用"上出现纰漏，例如不支持非 IE 浏览器，会导致非 IE 使用环境的用户无法使用网银功能等。

在满足了"有用"和"可用"的前提下，我们才会注重产品的"易用"和"好用"。而这两者就包含了诸多细节，需要我们花心思深入地挖掘和研究。"易用"的设计理念主要针对用户体验，它需要我们在产品设计时，充分考虑用户的行为习惯和使用场景，简化用户的学习成本、使用成本。比如 QQ 邮箱和网易邮箱，如果根据天或周进行邮件批量删除时，在选择项上面，QQ 邮箱只需要操作两步，但是网易邮箱就要很多步，从这个细节上就可以看出在用户体验方面，网易邮箱无形中增加了用户的使用成本。

第二章　产品设计整体规划

　　企业进行新产品开发的目的是满足现实的市场需求、发掘潜在的市场需求和开拓未来的市场需求。因此，企业必须先确定新产品开发的战略与规划，指导新产品的开发活动，降低开发风险，提高开发的成功率，为新产品的开发引路。

第一节　新产品的相关概念设计

如何形成新产品概念呢？在产品开发过程中，企业通过设计将粗略的构思转变为详细的产品概念，这样新产品概念就形成了。在这一过程中，第一是了解用户需求，根据用户的生活方式和技术的变化提出概念；第二是测试筛选出的产品概念，根据用户满意度和产品潜在市场对合适的产品概念做出评估；第三是形成新产品概念。以下是新产品概念形成步骤图，如图 2-1-1 所示。

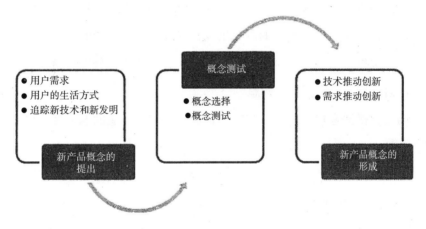

图 2-1-1　新产品概念形成的步骤

在产品概念开发的阶段中，这三个步骤并不一定按照顺序进行。在任一阶段都有可能出现新的信息或测试出现偏差，因此在整个新产品概念形成过程中会出现活动重复的情况。比如两个步骤在时间上出现重叠或者一直在反复进行活动步骤。

一、新产品概念的提出

消费者在接触新产品时注重的是产品的外形、价格、提供的利益等，而产品概念能将新产品的特点清楚地展现在消费者面前，消费者一眼就能看出产品能否满足自己的需求。产品概念将人们对新产品的粗略构思具体到实体产品上，描述了有关新产品的各类特征。

一个完整的新产品设计理念可以分成三部分。

第一，消费者在使用产品后提出的改进建议或缺点，或者是生活中遇到的问题。

第二，总结消费者想从产品中得到的利益点。

第三，对消费者提出的产品问题进行解答。

新产品概念开发是一项能通过自主创新生成知识产权的技术创新活动。设计者通常可以从三个方面得到新产品概念需要的灵感和信息。

第一，从人们生活方式的改变出发，寻找生活中出现的问题并提出解决办法，搜集市场信息，对潜在的竞争对手进行分析，分别与潜在客户和专家沟通交流，提出新产品构思。

第二，根据客户的需求，与有丰富的产品使用经验的老顾客合作，获得有关新产品概念的意见或建议；从一些有代表性的样本中对新产品概念做开发，根据不同的实际情况决定使用少数样本还是大量样本。不同的产品对样本的定性分析需求也是不同的。

第三，科学技术的发展给了新技术发明的空间，通过对新技术或新发明的调查研究，关注不同时代下的技术发明状态，促使新技术转化为产品开发，产生新产品概念。

下面以市场需求举例说明。2012 年，影像市场主张"电视无处不在"，基于这样的市场需求，在美国消费电子展览会（CES）上海信首发了超短距智能激光电视。这种激光电视能随时接入互联网，用户可以直接观看节目或直播，还能下载视频观看。超短距指在较小的空间中能短距离投放的超大高清影像可达 80 英寸，它应用的是超短距智能激光技术。这可以充分印证科学技术的发明能转化为创新产品的开发，符合市场需求，进而形成新产品概念。

在新产品概念从构思到真正实现的过程中，可以出现多个不同的角度、产生不同的新产品概念，设计者要经过层层测试和筛选，挑选出最合适的概念，最终实现产品的整体设计。

二、概念测试

客户对产品的满意程度以及产品成功商业化的程度，绝大部分取决于新产品概念的质量。新产品概念测试的目的在于形成完整的新产品概念，并指导下一阶段新产品的开发，它是决定新产品开发能否成功的一个关键环节。所以，新产品概念的测试要科学，测试结果要可靠。新产品概念测试结果的可靠性在很大程度上又取决于测试方法的科学性。

在概念开发阶段，要确定目标市场需求，通过使用多种方法，产生并评估各种备选的产品概念，然后从这些产品概念中选择一个或者几个概念进一步的开发和测试。概念遴选是依据客户需求和其他标准评估概念的过程，就是根据消费者对各个产品概念的态度，综合分析比较各概念的优点和缺点，从而选出一个或者多个有潜力的、值得进行具体研究的产品概念做进一步的调查、测试或开发。概念选择是概念测试的前期准备工作。

新产品概念提出后需要在一批消费群体中进行测试，以了解消费者对新产品概念的反应，从多个新产品概念中选出最有希望成功的新产品概念，以减少新产品失败的可能性。接受测试的人群必须是普通的消费群体，而不是新产品开发团队的人员。通过概念测试，设计者可以对新产品的市场前景有一个初步估计，同时也能对产品的消费人群有一个初步的定位，并针对目标消费者的具体特点进行改进，为下一步的新产品开发工作指明方向。

由于新产品概念只是一个思路、一种描述，不是新产品实体，在进行新产品概念测试的时候，开发人员往往不能非常准确地把新产品概念有效地传递给被测试的消费者，不同的消费者对同一个新产品概念的描述可能会想象出不同的新产品实体，这将会影响新产品概念测试的可信度。所以，对某些新产品概念，设计者用简短的文字或图片便能让消费者对新产品概念有深刻的了解，但有些新产品概念需要更具体、更形象的阐述，才能让消费者正确理解企业所给出的新产品概念。

产品概念测试通常还需要进行概念关注度测试。概念关注度测试就是指产品概念对消费者的吸引力。开发人员根据消费者对产品概念的理解和态度，以及对产品特性的反应，测量产品概念的沟通效果和吸引力，从而估计消费者对新产品的购买意向，估计产品的销售潜力，最后确定设计新产品概念的思路和采取的改进措施。

三、新产品概念的形成

想要形成一个完整的新产品概念，必须对其进行调研和分析，因为新产品概念被提出时往往是不完整的，对概念的构思做出总结并测试评估后，才能形成完整的新产品概念。

新产品概念的形成有两种可供选择的方案，一种是从产品到需求，一种是从需求到产品。就像美国学者斯蒂尔提出的两种创新方式一样：从产品到需求对应"技术推动型创新"，指的是通过对新技术和新发明的出现进行追踪形成新产品概念；从需求到产品对应"需求拉动型创新"，指的是人们在生活方式发生改变的过程以及用户对产品的需求都是新概念形成的动力。[①]

---

① 张峻霞. 产品设计系统与规划［M］. 北京：国防工业出版社，2015.

　　从本质来看，新产品概念的形成过程有循环性，在实际设计过程中时也会有几个步骤反复多次出现的现象。可能对新产品概念形成这一过程起作用的动机有很多，但不管是哪一个都属于学术性问题，想要形成一个完整的新产品概念，就要从提出概念开始，不断地进行测试、评估、改进，再交叉进行，并不断重复这一过程，因此整个过程每一阶段都没有明确的界限，需要不断地尝试，重复测试评估改进的步骤，在粗略的构思基础上进行发展，最终形成完整的新产品概念。

第二节 设计内容及方法

在产品设计规划的前期是先形成产品概念，再进行市场调研，还是先进行市场调研然后再形成产品概念一直都是一个有争议的问题。实际上，在产品概念的形成过程中，市场调查是必不可少的一个环节，但是在一个新产品概念需要开发成新产品并最终投放在市场中、产品概念形成后，一定需要更为系统的市场调查。这个过程实际上是一个相互交叉、不断重复的过程。

一、设计调研内容

（一）市场前景调研（需求分析）

设计创新在产品设计中是极为重要的，尤其是在竞争激烈的市场中，企业尤其看重这一方面。在进行市场调研时，要关注用户对设计创新下产品的体验，了解用户需求，把握市场情况，将设计理念贯穿在产品设计中，使新产品开发过程的每一个环节都带有设计创新的意识。从了解市场上的产品需求开始，要对整个产品的生命周期做分析，为产品的创新设计奠定基础，为构思产品设计方案和评估产品市场提供依据。可以从以下两个方面进行市场前景调研：

1. 产品的市场生命周期

产品的市场生命周期主要有导入期、成长期、成熟期以及衰退期这四个时期。任何一个进入市场的产品都会经历相同的阶段，从开发到进入市场、从成长到成熟，再从衰退到退出市场，这是一个成功的产品都要经历的。在产品生命周期中，产品会呈现不同的状态，相对应的产品设计开发手段也会不同。

（1）导入期

对企业来说，这一时期要投入大量的资金和技术，需要承担一定的风险。产品在大批量进入市场之前会先由部分消费者试用，消费者通过试用产品会提出改进建议或使用意见，然后再由市场调研人员反馈，企业的产品开发人员再对导入期产品进行改进。

（2）成长期

该阶段在产品的整个生命周期中占据主要地位，这一时期产品会进行试销，得到市场的关注与认可。消费者对产品的了解逐步加深，产品的生产技术也会逐步完善。提高品牌知名度，会增加产品的销量，扩大产品在市场中的占比份额。

（3）成熟期

在该阶段的产品已经趋于成熟，设计与技术方面也已经完善，在市场上的销量状态基本饱和。这一时期产品竞争会比较激烈，消费者会更加注重产品的细节和人性化功能，此时企业会完善产品细部，对产品的品牌形象更加看重。

（4）衰退期

此时市场上的产品销量已经开始下降，产品也濒临淘汰，而新的市场需求出现，需要企业开发新产品满足用户所需，开始产品的新一轮更新换代。

产品的市场生命周期是一个循环过程，也是一个产品不断进化更新的过程。任何一个产品大体上都会依照这样的一个过程发展下去。

当产品处于前两个阶段时，企业应该加大投入，尽快使其进入成熟期，企业获得最大效益；处于成熟期的产品，企业应该对其应用技术进行研究，使得新技术替代原来技术，以应对未来的市场竞争；处于衰退期的产品，企业利润急剧下降，应尽快淘汰。产品的生命周期可以为企业产品规划提供具体的、科学的支持。

2. 产品的市场需求研究

对一个新产品来说，市场需求是确定产品商机的根本。一个企业在长期的实践过程中会积累很多经验，在确定新产品的商机之前，企业的工作人员会根据自己的经验对市场做出一定的判断，从而得出一个大概的结论。但是经验有时候也会出现偏差，所以还需要进行实际的调研，了解当前市场的具体情况，分析其发展趋势。

市场需求研究主要是针对消费者对产品认知度以及产品的市场覆盖面的研究。首先是了解消费者对现有产品的观点、看法和意见以及对新产品的憧憬，进而了解市场具体的动向以及产品在市场上的销售情况，最后对这些信息进行整合、分析。

（二）产品的消费潜力分析（用户调研）

对用户而言，最关心的问题是：一个新产品的功能是否能满足自己的需求，是否符合自己的经济承受能力。因此，了解用户对产品的评估将会直接影响到产品后期的设计规划。

另外，产品在某种程度上也是某种生活方式的象征。在满足使用功能的前提下，人们要找寻能体现自身价值和素质，并且符合自身选择的生活方式的产品。基于这样的考虑，每个消费者头脑中都有一份这样的隐性产品目录，他们希望产品能更好地反映他们的身份和自己想要的生活。如果产品属于这个产品目录范畴，那么在特定的人群中就具有潜在的市场。

（三）同类产品的调研（竞争产品的分析与调研）

竞争对手的产品是会直接威胁到新产品市场销售的。因此，在实地调研中，对消费者进行分析后，也要对竞争对手的产品进行调研，所谓"知己知彼，百战不殆"。对竞争对手的调研可以使得市场调研更具目的性，并且能让生产方了解市场的需求和空缺，从而找到新产品的商机。

通常对同类产品进行调研，主要是研究几个方面的问题：产品的创新点、产品的款式风格特点、产品的市场竞争力、产品的价格、产品的促销手段等。通过剖析同类产品的优缺点，生产方可以找到新产品的设计切入点，挖掘新产品的商机，在市场竞争中赢得自己的位置。

如果要设计一款手机，应该对同类产品进行调研，通过了解其他手机的创新点、价格、使用材料等，确定企业自己的产品定位。如表 2-2-1 所示①，为第 2012 年 11 月份开发新手机时所做的同类产品的调研。

表 2-2-1　手机同类产品比较

产品品牌	苹果 iphone5	诺基亚 920T	三星 N719	HTC X920e	黑莓 P9981
产品创新点	不可拆卸式电池	Puremotion HD+ 技术屏幕	双卡双模	Beats 音效	机身有钻石装饰
产品价格	6000 元	4600 元	5500 元	4800 元	10600 元
操作系统	iOS 6.0	Windows phone 8	Android OS 4.1	Android OS 4.1	BlackBerry OS 7.1
主屏材质	IPS	IPS	HD Super AMOLED	Super LCD 3	TFT

（四）产品设计深入调研

对产品自身的情况展开调研，主要是对产品的功能、材料、技术、成本、款式等进行调研。通常情况下，产品的使用功能、产品设计过程可能使用到的材料、产品设计过程可能应用到的技术、产品的预算成本、产品可能的款式风格是一个产品设计过程中最重要的几个方面，通过产品调研，设计者熟悉产品自身的特点，从而为产品设计提供前提条件。

---

① 张峻霞．产品设计系统与规划［M］．北京：国防工业出版社，2015.

二、设计调研的方法

对企业来说，想要通过新产品获得利润，就要发掘潜在的市场需求，通过市场调研获得有关新产品的信息。市场调研的方式是多种多样的，最终目的都是得到市场上的充足信息与资料。不同的市场调研方式会涉及多种选择角度和多种分类方法。从调查对象的范围来分，市场调查方法可以分为全面调查和抽样调查；从调查方式来分，市场调查方法可以分为直接调查和间接调查。间接调查又分为文案调查法和网络调查法。直接调查也可以细分成三个小方法，包括观察法、访问法和实验法。其中访问法包括面谈法、电话调查法、小组座谈法、邮寄问卷调查法等。具体方法如图 2-2-1 所示。

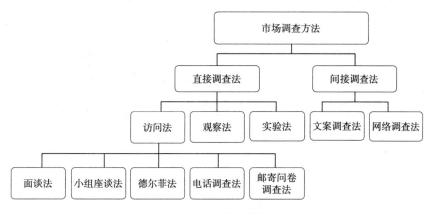

图 2-2-1　市场调查常见方法

在市场调查过程中，问卷调查是最常用的方法之一。而问卷是进行市场调查的一个工具，也是市场调查获得成功的关键。

问卷调查是根据所要调查的项目，对消费者进行有针对性、有计划的问卷提问形式的调查方式。根据问卷的结果，再进行统计，计算出统计概率，并汇成表格，企业通过统计数据分析得出相应的结果。这种调研方式可以让企业比较准确地了解消费者对产品的外形、性能的评价，在接下来的产品开发中可以进行有针对、有目的的设计。

问卷调查在大部分调查方法中都会使用到，因此在这里不做过多介绍。下面将介绍一下其他几种常用的调查方法：

第一，最常用的是访问法，通过直接与调查者进行接触获取信息，这种方式获取的是第一手资料，是调查过程中最重要的调查方式之一，访问法又可以分为五种。

面谈法是一种面对面的调查方法，通常是调查人员直接向被调查者口头提问，并且当场记录答案的方法。面谈调查法的特点是能通过与被调查者直接沟通获取基本的信任，从而提高调查的真实性，获得比较准确的信息。在调查过程中，调查者可以通过自己的引导来控制整个访谈质量。但是这种调查方式通常需要的成本较高、周期长。因此，在调查时间较为紧迫的情况下，不宜采用面谈调查。

小组座谈法是一种能同时与多名人员进行调查交流的调查方法。方法进行流程是先由一个专业训练后的主持人引导被调查者回答问题建议或意见，通常这种交流是座谈会议的形式，特点是自然且无结构。在与多名被调查者进行交流询问后，调查者可以及时地总结出相关的市场信息，获取市场上消费者对产品的意见和改进建议。小组座谈会议的好处在于获取信息的速度较快，获取范围也比较广，能极大地提高市场调查效率，不仅能节省被调查者的时间，还能将更多的人力投放到市场调查上。

德尔菲法，也称专家调查法，采用匿名的调查方式，对所要预测的问题在征得专家的意见之后，归纳整理等后再次征求意见，直到最终得到一个趋于一致的调查结果。这种方式给了专家调查小组自由平等的调查氛围，有利于被调查者的思维不受干扰和影响，能让他们在规定的调查程序下各抒己见、独立思考。这种调查方式更加自由，采用匿名制的方式也给了调查小组思考的空间。

电话调查法就是调查者通过使用电话等通信工具与被调查者进行交

流，将得到的语言信息转化为文字记录获取市场产品数据。电话调查的调查时间是自由的，因此难以掌握导致失败率较高，但是同时也能缩短调查的时间，降低调查成本，从而极大地提高调查效率。

邮寄问卷调查的调查方式耗费时间较长，得到邮件回收的概率较低。将调查问卷以邮寄的方式寄给被调查者，再由被调查者填写后寄回，这种调查方式的优点就是降低调查费用，能扩大调查的区域范围。

第二，观察法是观察者根据研究目的，有组织、有计划地运用自身的感觉器官或者借助科学的观察工具，直接搜索与当时正在发生、处于自然状态下的市场现象相关的资料的方法。观察法是直接调查的方法，能让调查者科学地获得第一手的感性经验材料，从而为理性认识提供了条件。观察者从不同的角度了解市场现象，能比较全面地、直接地获取资料。

第三，实验法是在特定条件下，通过实验对比，对市场现象中某些变量之间的因果关系及发展变化过程加以观察分析的一种调查方法。实验法在操作上更为复杂，形式上更高级，虽然实验调查法是一种比较重要的方法，但是它耗时长、花费高，会增加市场调查过程中的整体预算。

第四，文案调查法，又叫作文献调查法，是市场调查人员利用企业内部和外部、过去和现在的各种信息、情报资料，对调查内容进行分析研究的一种调查方法。文案调查法是一种间接搜集调研材料的方法。文献调查法不会受到调查人员和被调查者主观的干扰，得到的资料比较客观真实。但是文献调查法缺乏时效性，随着时间的推移和市场环境的变化，这些数据可能失去参考价值。

第五，网络调查法是利用国际互联网作为技术载体和交换平台进行调查的一种方式。这种方式调查对象比较广，可以涉及各个行业；调查速度也非常快，调查成本比较低廉，科学合理地利用网络调查可以缩短市场调查的周期，减少调研成本。

上述市场调研方法是市场调研中较为常见的方法，一般通过上述方法基本能完成产品市场调查工作。通常情况下，这些方法也不是单独使用的，一般是两种或几种调查方式同时使用，以便能更加全面地获取所需要的信息。

三、调研结果的分析方法

在市场调研过程中完成了资料的搜集工作，但是这些资料比较凌乱、分散，其中有些资料的真伪也需要考究。所以，调研者需要对资料进行整合和分析才能得到真实有用的信息。通常，调研结果的分析分为两步：第一步是进行资料的整合工作；第二步是对整合数据信息进行数学分析。

（一）资料的整合

资料的整合指的是将调查后得到的资料进行整理汇总，并通过科学审核方式进行资料的初步处理。这是一项系统化调查数据的工作，最终能得到有逻辑性和条理性的数据信息。

资料的整理工作主要包括以下四个步骤：

第一是资料的接收，比如收取邮寄的调查问卷。

第二是数据的录入和编码，这一步骤的目的是便于后续数据处理，主要是将文字信息转化数字符号，并通过电脑识别后进行数据分析。

第三是核对录入信息，通过查找缺失信息，保证信息的真实性和完整的系统化。

第四是对统计数据进行预处理。

（二）研究结果分析方法

数据资料分析方法主要包括描述分析和统计分析两种方法。

描述分析法是以图表或表格的形式，将调查数据按照一定的规律进行列表的方法。这种分析方式将数据图形化，能把要表达的信息直观形象地展现出来，使数据信息更加清晰明了。

　　统计分析法中的统计方法主要有五种，分别是差别分析、描述分析、预测分析、推理分析、相关分析。统计完资料数据后进行分析，运用的是统计学原理，定量分析调研数据，并依照事物内在的发展规律和趋势揭示事物内在数量关系。不同的统计方法都有不同的分析过程，每种方法都可以与其他方法联合使用，在数据分析的过程中都有重要地位，详细说明可参考相关书籍。

　　下面我们以分析 2012 年 6 月中国数码相机市场的调研数据这一内容进行举例说明。第一步以列表和图形的形式初步整理数据，第二步筛选信息系统分析数据内容。

　　如表 2-2-2 所示，是 2012 年 6 月中国单反数码相机市场最受关注的十款产品及主要参数的列表。[①]

表 2-2-2　2012 年 6 月中国最受关注的十款单反数码相机及主要参数

排名	产品名称	机身特性	有效像素（万）	高清摄像
1	佳能 60D	APS-C	1800	全高清
2	尼康 D7000	APS-C	1620	全高清
3	尼康 D90	APS-C	1230	高清
4	佳能 600D	APS-C	1800	全高清
5	佳能 5D Mark III	全画幅	2230	全高清
6	佳能 5D Mark U	全画幅	2110	全高清
7	尼康 D3200	APS-C	2416	全高清
8	尼康 D800	全画幅	3630	全高清
9	佳能 550D	APS-C	1800	全高清
10	尼康 D700	全画幅	1210	高清

　　通过表格，我们可以直观地看出各个品牌的机身特点、有效像素等，这样我们可以进行初步的分析对比，找到适合自己的产品定位。

---

① 张峻霞. 产品设计系统与规划［M］. 北京：国防工业出版社，2015.

列表可以将数据清晰地展现出来，而图形可以更加形象地表达调研信息。

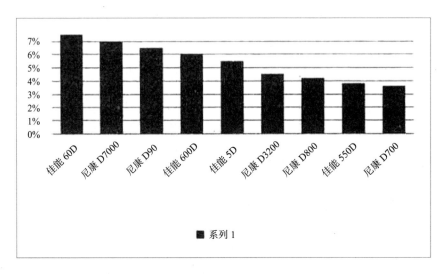

图 2-2-2　2012 年 6 月中国单反数码相机产品关注度排名

如图 2-2-2 所示，将 2012 年 6 月中国单反数码相机产品的关注度排名绘制成柱形图，我们可以直观地了解各大品牌相机的关注度。

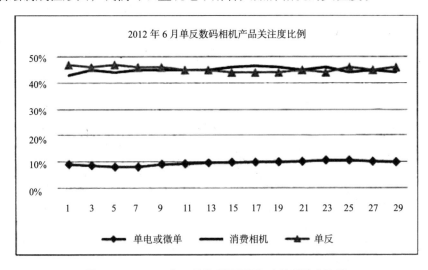

图 2-2-3　2012 年 6 月单反数码相机产品关注度比例

线性图对显示不同时点的测量值非常形象直观。如图 2-2-3 所示是 2012 年 6 月中国数码相机市场不同机身类型产品关注度走势的线形图。

从图 2-2-3 中，我们可以直观地看出 2012 年 6 月产品关注度比例，并能看出产品被关注的整体走势。

将数据表格化或图形化可便于进行数据分析。如今，将数据表格化或图形化的工作很多，为我们的分析工作提供了很多便利。在数据处理过程中，常用的数据分析软件有 Excel 和 SPSS。

Microsoft Excel 中有一组数据分析工具，称为"分析工具库"。在进行数据统计和分析时，只需根据需要选择合适的工具，然后向该分析工具提供必要的数据和参数，该工具就会使用适宜的统计或工程函数，以表格的形式显示相应的求解结果。其中有些工具在生成输出表格时还能同时生成图表。

Excel 分析工具库的数据分析工具有十几种，其中方差分析、相关系数分析、协方差分析、假设检验、回归分析等是比较常用的，能非常便捷地进行数据分析处理。Excel 数据分析工具的具体操作步骤可以看相关专业书籍获得。

在描述分析过程中，另一种常用的软件是 SPSS。它的基本功能是数据管理、统计分析、图表分析、输出管理等。使用 SPSS 进行统计分析，具体操作主要包括描述性统计、均值比较、相关分析、回归分析、对数线性模型、数据简化等几大类，同时还可以根据数据绘制各种图形。

使用 SPSS 进行数据分析，可以得出数据的平均值（Mean）、和（Sum）、标准差（Standard Deviation，简写 SD）、最大值（Max）、最小值（Min）、方差（Variance）、极差（Range）、平均值标准误（S.E.Mean）、峰度（Kurtosis）、偏度（Skewness）等统计量。

SPSS 软件所做的数据分析结果清晰直观，现已推广到多种操作系统的计算机上，被广泛应用于各个领域的数据分析中，它和 SAS、BMDP 被称为国际上最有影响的三大统计软件。SPSS 在国际上的影响也是十分深远的。在国际学术界有条不成文的规定，即在国际学术交流中，凡是用 SPSS 软件完成的计算和统计分析，就可以不必说明算法，可见 SPSS 地位之重、影响之远。对市场调研结果进行整合分析后，企业就可以获得比较完整的市场信息，这对后面的市场定位和产品定位有很好的指导作用。

第三节　产品功能与市场定位

一、调研结果分析及可行性分析

（一）调研结果分析

市场调查主要是对市场需求、消费潜力、同类产品、设计产品进行调研，并对调研数据进行整理分析，最终获取市场和产品相关的有用信息。为了进行产品设计可行性分析和市场定位，必须对获取的信息进行全面的、系统的综合评估。

对调研结果的分析是市场定位的前期工作，调研结果能为市场定位提供一个参考。

（二）可行性分析

可行性分析指的是对产品和市场的分析。经过对市场调研后得到的资料进行整合分析，企业会得到更加全面系统性信息，进而开展可行性分析的活动。可行性分析的内容主要包括：该产品的技术水平是否达到，原材料是否充足；企业能否承受该产品的投资预算及项目完成时间；该产品的市场现状，包括国内外市场与竞争对手状况；消费者对该产品的需求强烈性是否促使开发该产品以及开发的可能性和必要性。

在产品规划过程中，对可行性分析的研究占据了重要的部分。产品的开发设计能否成功与产品的分析研究是否全面透彻有着直接的关系。在分析的过程中，要把握好商业目标与设计的平衡，因为产品的完善是需要时间的，想要一个完美的产品就要花费时间去解决所有可能出现的问题，但是时间太长，就有可能错过商机，因此对企业来说，分析的过程要尽量缩短，要尽快找到商业与设计的平衡点。

二、市场定位

（一）市场细分的概念

市场细分是指企业根据消费者需求的不同，将市场划分为不同的组成群体来服务消费者，上架不同的产品并运用不同的宣传和消费方式，满足不同群体消费者的需要。这一概念在 20 世纪 50 年代中期被提出。需求相同的消费者会被商家划分为一类，商家可按照消费者的不同需求将总市场划分称若干子市场，叫细分市场。市场被细分后主要形成两种市场：分众市场和小众市场。市场细分出现在目标市场的明确阶段。

（二）市场细分的依据

市场细分的依据主要有五个方面：地理位置特点、人口组成特点、经济状况、社会文化背景、科学技术发展状况。

（1）按照消费者的地理位置来进行市场细分。通常情况下，处于不同的地理环境下的消费者受到地理环境、气候因素、社会风俗的影响而有一定的区别，而处在同一环境下的消费者在某种程度上会存在一些相似点，但他们有时在消费观念上还是会有一定差距。所以在市场细分过程中，除地理因素以外，对其他因素考虑和分析也是很重要的。

（2）根据消费者的性别、年龄、教育程度、职业、家庭结构等因素进行市场细分。通常情况下，消费者的消费观念和人口统计因素有很密切的关系，性别和年龄是两个比较重要的因素。一般男性和女性购买的方式和习惯就有很大的不同，不同年纪消费群的消费习惯也是有很大区别的，这是市场细分过程必须考虑的因素。同时，市场的消费需求是由消费者的购买能力决定的，由于收入等方面的差异，不同消费者对产品的需求也会有差别，这也是市场细分必须考虑的因素。

（3）一个地区经济发展程度会影响消费者收入水平，从而影响消费者的购买能力。经济发展情况不同，产品的设计也会更具有针对性。一般情况下，产品的定位是平民化还是高档化都与经济因素有直接的关系。产业和市场结构属于经济因素之一。一个国家或地区的经济发展较快，相应地会带动消费产业发展。因而，市场细分过程中经济因素也值得一提。

（4）对市场细分，社会文化代表了消费者的精神追求、生活品位的选择，是企业必须引起重视的环节。在大批量市场的时期，价值被看作一定价格的产品功能或产品提供的服务，更高的价值往往表现在精神的追求和文化层面上。产品的价值必须与对应消费群体的价值观念和生活方式相吻合。

（5）科学技术的发展使很多新产品的诞生成为一种可能。多年来，随着科学技术的进步，在新技术支持下，新产品不断涌现，这是社会进步的必然趋势。现如今，市场机会与科学技术有着紧密的关系，技术进步已然成为公司成长中的创造力。因此，市场细分过程中，科学技术是支撑产品的一个重要因素，是必须进行慎重调研和认真分析的部分。

（三）市场定位

想要明确目标市场的定位，就要细分市场，然后对若干子市场进行分析，经过对各个方面数据进行综合，达到定位目的。

1972年，美国广告经理杰克·特劳克（Jack Trouk）和阿尔·里斯（AlRies）提出了市场定位。市场定位是选择确定目标市场的过程。企业选择市场营销对象的方法是在市场被细分之后，综合评估每个细节市场，然后选择一个最有利的市场。

我们可以通过以下两个方面对市场定位进行分析研究：

第一个方面就是研究企业能在市场中占有多大的市场份额，计算企业市场占有率，然后分析企业的潜在消费群体数量；第二个方面是看市场被细分后每个子市场的规模有多大，分析潜在的消费者群体有没有给企业带来利润的消费潜力。

经过严谨认真的市场调研分析，企业有了确定目标市场的准备和信心，也可以开始确定产品的设计目标，因为市场定位已经确定了产品设计的方向，使得产品设计和目标市场都有了定位。

三、产品定位

产品定位的对象包括产品的材料、成本、功能和品牌等方面。在确定了目标市场的定位后，企业可以根据市场特点进行产品定位的工作。想要对产品定位，首先要对人们的生活方式、审美心理、使用产品心理以及社会时尚潮流进行深入研究，并且根据得到的数据信息确定产品大概的设计方向，然后定位产品，塑造产品的独特性与实用性，确保产品符合人们的使用心理，满足目标市场需求。

产品定位的重要性在于，能设计出产品的特征。市场调研已经对市场上同种类型的产品信息做过整合与分析，因此产品特征一定要明显且与众不同，要从价格、功能、外观等方面塑造自己的品牌形象，占据产品优势，这样一来，产品在上市后才能有一定的销量，得到消费者喜爱。产品设计定位可以指导产品的主要功能与外形风格等。

第四节 产品类型风格设计

产品设计是设计师将技术、艺术、社会、人文、时代等观念通过产品表现出来，使其满足基本的使用要求，体现存在价值的一个过程。设计者在设计过程中必须将制约的普遍因素与表达造型风格进行协调，使设计能凸显产品的形象个性。产品设计风格实际上就是技术、材料、工艺、形态、色彩、造型艺术等语言形式在产品外在形态的设计中的充分体现。

一、产品款式风格设计的概念和意义

（一）产品款式风格的概念

产品的款式风格可以使产品在同类技术水平的产品中脱颖而出，增加产品的附加价值，得到消费者的青睐。款式风格设计属于艺术创作的一种，设计师通过创造，可以增加产品在视觉上的吸引力。在产品开发设计的过程中，款式风格设计贯穿整个设计程序，从策划开发到生产制造，所有阶段都是协调相统一的。在设计活动的开展中，款式风格设计还能不断完善，改进自身缺点。

设计师的想象是有无限空间的，但是在进行款式风格设计时，要了解企业对产品的市场定位，而不是自由发挥设计内容，要将设计与产品开发的商业目标融合到一起，对产品的设计了然于心。产品的款式风格是在有限的空间内被设计出来的，因此把握好产品的款式风格设计是设计师需要考虑的重要环节。

（二）产品款式风格设计的意义

产品款式风格能引导人的潜意识感知。消费者在购买产品时最先注意到的就是产品的款式风格，因此有吸引力的产品一定能刺激消费者潜意识里的审美，引导消费者了解产品的功能结构与其他属性。

一款成功的产品都会有好的产品款式风格设计，这样的设计可能是有明显的色彩组成或形态特征，在视觉方面有利于消费者识别企业品牌形象，不仅能加大产品宣传推广的力度，还有利于企业的品牌形象宣传。

拥有特点文化背景的产品会有产品款式风格。在特定的环境下，产品的文化内涵会通过产品设计具备外在的表现形式，就是产品的款式风格。在款式风格中融入文化因素还有利于在特定时期该地区的文化传承与传播发扬。

二、产品款式风格设计的特点

现今，产品的款式风格呈现一个多元化的状态，它表现在人类文化、科技文明、人文观念、社会历史和民族的地域文化等方面。人们认识产品的款式风格是对产品的造型产生直观感觉开始的，通过形态语义所表达的使用功能、操作方式、审美趣味的意向来深入了解产品的内涵特征，从而区别不同的产品款式风格。下面重点介绍产品中常见的几种款式风格，主要有中国风、高科技风格、商务型风格、时尚型风格。

中国风是以中国元素为表现形式，建立在中国文化的基础上，有着自身独特魅力和特点的艺术形式。中国风的产品体现了中国独特的文化内涵和艺术魅力，是一个时代的文化和精神在产品中的凝结。通常一件普通的产品一旦被赋予了某种文化信息，该产品的价值和品位就会得到提升，产品的精神内涵也会更加丰富。例如青花瓷器、唐装汉服、明清座椅等都是具有中国风格产品的典型代表。

洛可可公司为水宜生设计的竹玉系列水杯，结合了中国文化传统，表现了产品的稳重感和典雅气质。竹在中国人心中是一种气节和人格的象征，玉也是一种人的精神世界和自我修养的表现，能体现人的身份和风度。结合竹玉设计的水杯，外形美观，是中国传统文化在产品设计中的完美体现。

高科技风格是指设计师在设计过程中通过新技术新材料的使用使产品呈现出一种未来感和品质感。随着科技的不断进步，新材料、新技术源源不断地出现，给设计师的创造提供了很多的可能。高科技风格是一种充满科学气息和工业感的前沿化产品风格。例如 3D 电视、三维打印机等都是比较前沿的、科技催生出的产物。

惠普 LiM 玻璃电脑（Glass Computer）是以"少即是多"（Less is More）为理念设计的电脑产品。该产品采用的是全透明设计的 19 英寸 OLED 触摸屏和无线键盘。在屏幕不开机的情况下就像一块透明的玻璃板，整体效果令人惊叹。

商务型风格的特点是色调稳重、不花哨，造型简洁大方合理，气质硬朗干练，且注重产品的使用性能，体现产品的高效和便捷。例如 IBM 产品体现的是产品的商业性能。在快节奏的都市生活中，商业型风格也是比较常见的一种款式风格形态。

时尚型风格的特点是色彩亮丽、对比强烈、造型流动夸张、追求个性，迎合了当代的潮流，例如学院风、都市型、日韩潮、欧美风等。

新 Mini Cooper 敞篷车将个性风格与驾驶激情融入敞篷设计中，使新一代 Mini 敞篷车有自由热情的风采。色彩选择是别具一格的黄色和白色，符合年轻人的个性追求。

iPad 平板电脑可以随身携带，能在户外等场合使用，能充分利用小段时间上网或者办公，弥补了笔记本电脑携带不便的不足，是快节奏生活环境下的一个流行趋势，深受年轻人追捧。

当然，产品的款式风格种类远不止这些，还有简约风格、田园风格、复古风格等。根据不同时期的流行风格和潮流，产品的款式风格还分为洛可可风格、巴洛克风格、地中海风格、现代主义风格、后现代主义风格、解构主义风格等。在某种程度上，产品的款式风格反映了一种产品的品牌形象。因此，在产品设计过程中，款式风格设计显得尤为重要。

三、产品款式风格设计的知觉

（一）产品的视觉知觉

款式风格设计能吸引消费者的目光是有生理因素存在的。产品的款式风格最先刺激到的是人类的视觉，而人类的视觉可以支配人类的知觉，通过感应细胞分解视觉感知到的图像，再将基本元素转换成视觉信号传递给大脑，通过大脑的简单整合就能处理信号内容，对图像进行识别和记忆。在这个简单的图像处理过程中，消费者会注意到产品的款式风格。

视觉知觉的显著特征为以下两方面：

（1）人们看到图像后经过视觉的处理，会形成不受思维干扰的影像，经过大脑有意识的审查处理能找到图像特征。

（2）人们在看到某个事物的第一眼就会下意识地形成一个完整的图片，这种现象叫作视觉的潜意识优先权。

（二）产品款式风格知觉

在人们的潜意识知觉下，产品的款式风格往往会被人们视觉判断为图形特点，只对人们的视觉感知系统起作用，因此，想要设计出好的产品款式风格，就要遵循人类的视觉知觉规则，即"格式塔"视觉规则。设计师在设计产品款式风格之前要了解哪些形态因素符合人类的共同视觉知觉特征，按照规律合理运用到设计中。

如图 2-4-1 所示的格式塔图形，我们可以看到图形中是没有白色三角形的，但是我们的视觉感受却是一个闭合的白色三角形，这就是格式塔视觉。从一个图形的角度来说，人们对它的观察顺序一般是整体到局部，但是整体感知与局部感知的合并不是单纯画等号的关系，因为在视觉上人们通过感官会将图形在整体上闭合起来。

图 2-4-1　格式塔图形

对款式风格设计来说，"格式塔"视觉规则在两个方面有重要的意义：

第一个方面是在产品款式风格设计的过程中，运用格式塔规则可以在视觉上展现产品的外观美，将产品的构成因素整合起来，让用户感受到产品的协调性与秩序感，增加舒适度。

在和谐中产生一点小变化并不会影响整个产品的美感，局部的大小、形状或颜色变化不会改变整体的性质，反而会增添一些特殊的美丽，而且整体依然是有协调性的。设计师莫菲（Morph）设计了一款将不同的碗叠加起来的餐具，这种叠加方式不仅有协调美感，还能节省空间，如图2-4-2所示。

图 2-4-2　套碗

第二个方面是简约产品设计风格，格式塔规则中的视觉简约规则极大地影响了产品款式风格的设计，该规则提倡减少夸张装饰，用简单的线条展现简约纯粹的产品形象，使产品保留对称美。如图2-4-3所示是一个具有现代简约风格的茶几。

图2-4-3　简约风格茶几

四、产品款式风格设计的决定因素

（一）款式风格设计的决定因素

1.社会、文化因素

从公司的角度来说，社会的影响是多变的，包括流行趋势和时尚潮流的影响。人们对时尚潮流是有趋向性的，社会的影响能直接决定用户青睐什么样的款式和风格，这有助于产品的定位。

文化有长久的影响力，设计师要从社会流行趋势中寻找流行的风格。在社会群体中，共同的信念与价值观会影响群体的每个成员，给产品带来共同的款式风格。

2. 商业因素

开发出的新产品要承担一定的商业风险，而款式风格设计作为开发的一个阶段也要承担相应风险。企业在进行产品款式风格设计时，可以从两个方面规避商业风险。一个是竞争对手，在同类产品的市场竞争下，可以通过与众不同的创新风格提高市场占有率，为自身的发展提供更大的发展空间；另一个是企业自身，打造企业品牌形象，有利于增加发展潜力，使企业有广阔的发展前景。

企业的形象是由品牌展现出来的，好的品牌形象能吸引顾客购买与支持，增加顾客对产品的使用信心，提高顾客信任度。品牌形象与款式风格是相辅相成的，产品款式风格可以传达品牌形象，品牌形象也决定了产品的款式风格。面对一个市场的竞争对手，企业致力于突破主流，创造一个全新的款式风格和潮流。搜集竞争产品的品牌形象，关注竞争对手的款式风格，有助于企业建立产品的款式风格，设计出属于自己的款式风格。

（二）产品款式风格设计的方法

要使产品的款式风格能吸引人，需要明白产品为何能吸引人，以下是两种让产品吸引人的方法：

1. 前知识吸引力

在设计一个产品时，要注意保留一些原有产品中存在的关键性的视觉符号和视觉认知特征。比如原有产品融入了文化、视觉、商业等，在多方面因素后呈现出来的款式风格固有的高雅、大气等特征，这些特征能给消费者带来一种亲切感。

2. 象征吸引力

进行产品设计时，对不同的人，款式风格设计要融入不同的象征元素，加入一群人共识的象征形态，就能提高产品的吸引力。

产品款式风格是产品直接吸引消费者的一个重要的因素，在设计过程中有重要的地位。通常消费者接触一个产品最直接的印象就是产品的外观，即产品给消费者传达的视觉感受。本节此将产品款式风格单独阐述，足以表明产品款式风格设计在产品设计规划中的重要性，它是产品设计过程中必须做的功课。

第三章　产品系统设计

　　产品开发是一个系统化的过程，需由不同专业及领域的成员参与建立有效的开发体制，以保证产品开发的顺利进行，同时这也是项目成功的关键。本章主要论述了产品系统设计，分别从产品设计前期准备工作、产品设计方案、产品结构设计、产品外观模型设计、产品形态的仿生设计、产品设计生产与市场的转化等六个方面进行了分析。

第一节　产品设计前期准备工作

设计是一项复杂的系统活动，它涉及多个部门的通力协作，有跨学科的意义。每一个设计步骤都必须在整个产品的开发框架下运作，不同的设计目标将直接影响产品的最终表达。因此，设计之初必须先明确设计目标，制定设计纲要。设计纲要包括：设定任务（做什么）、设定目标（达到什么结果）、设定成本、设定开发时间等。这一切，设计的造型、结构、工艺、硬件、软件必须由各个部门，包括市场、生产与管理等部门协作完成（图3-1-1）。

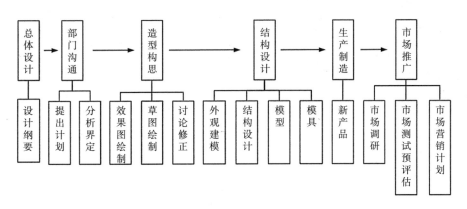

图 3-1-1　产品设计工作流程图

第二节　产品设计方案

一、调研分析

调研分析是指客观、系统、全面地收集关于某类产品的信息，运用科学的方法对搜集的数据进行分析研究，为企业决策者制定今后产品开发决策提供重要的依据。产品的调研分析不只存在产品设计的最初阶段，设计的各个步骤都需要不断地进行调研、反馈、改进，它是对产品设计全过程的探查与分析。

产品调研的方法很多，在这里，我们将调研分析分为五大类，包括：环境分析、消费者研究、市场研究、产品分析和企业自身研究。（图3-2-1）

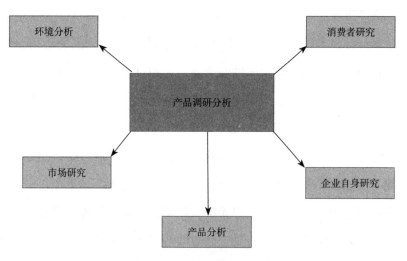

图 3-2-1　产品调研方法分类

（一）产品分析

在调研过程中，对产品的分析研究相当重要。只有深入了解需要设计的产品，才能找到合适的设计突破口。（图3-2-2）

产品分析调研主要包括三个方面：产品自身分析、产品生命周期分析和产品流行趋势分析。

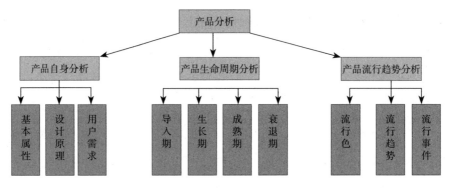

图 3-2-2　产品分析调研方法分类

1. 产品自身分析

是对产品最本质的认识，包括了解目前市面上该类产品的功能、形态、材质等自身属性。对一些机械性的产品，比如自行车，企业要深入了解它的机械原理。而对一些电子类产品，虽然不要求企业具体了解它的元器件工作原理，但是需要掌握一些基本的使用方法。产品是为使用者服务的，因此，还需要研究消费者的用户需求。这种用户需求有可能已经存在，也有可能是潜在的，需要我们去发掘。所谓潜在性需求，是指存在用户内心的，不是很完善、全面的，用户无法很确切地用语言描述，当真实产品摆在面前时，能很明确知道是否是自己想要的需求。对产品自身进行调研分析，可以使我们在熟悉产品的同时，分析现有产品的优缺点，找到产品设计的突破口。

案例一：智能玩具设计。

具体步骤：

功能分析：目前该产品具有哪些功能，适用于哪些领域。

形态分析：目前该产品主要有哪些主流形态，简约、传统。

材质分析：目前该产品主要运用哪些材质：塑料、金属。

该款产品在这些方面还有哪些缺点和不足，如何突破？

2. *产品生命周期*（Product Life Cycle，简称 PLC）

这是指产品的市场寿命，即一种新产品从开始进入市场到被市场淘汰的整个过程，分为导入期、成长期、成熟期、衰退期四个阶段。一种产品进入市场后，它的销售量和利润都会随着时间的推移而改变，呈现一个由少到多再由多到少的过程，由诞生、成长到成熟，最终走向衰亡，这就是产品的生命周期现象。产品只有经过研究开发、试销，然后进入市场，它的市场生命周期才算开始。产品退出市场，标志着生命周期的结束。

不同时期对产品设计的要求是不同的。例如：导入期需要全新的产品设计，成熟期需要新的造型和色彩等外观改良设计以刺激新的消费点的产生。因此，在设计前，先要研究清楚目前该类产品在市场上的生命周期，才能选择合适的设计突破口。

3. *产品流行趋势分析*

现在的产品越来越趋向于流行化、个性化。因此，市面上的流行趋势，包括流行色、流行风格等都会对产品设计产生很大的影响。例如现在流行的日韩风，给许多产品蒙上了一层可爱的面纱。艳丽的颜色、可爱的装饰、圆润的形态是目前日韩风格产品的共性。

国际上、社会上的一些重大事件，例如奥运会的召开等也会给产品设计附加上一层时尚的色彩。2008 年奥运会开幕之际，很多奥运题材的产品应运而生，从电子产品到家居饰品，无不因为奥运带上了奥运的装饰标志。

（二）市场研究

所谓"知己知彼，百战不殆"，产品研发前必须对目前市场的竞争环境有所了解。要通过对竞争市场、竞争对手、竞争产品、市场供给、市场发展趋势的分析，明确产品差异性，建立产品的竞争优势。

1. 市场的竞争环境分析

包括产品发展环境分析；不同国家地区主要市场概况；目前行业相关政策、法规、标准等。

2. 竞争对手的实力分析

竞争企业的概况：企业效益、市场占有额；国内主要竞争对手动向等。可利用表格和饼状图直观地展示多个竞争对手和自身在目前市场的占有份额。（表 3-2-1、图 3-2-3）

表 3-2-1　笔记本市场占有率

联想	惠普	戴尔	宏基	华硕	其他
25%	19.2%	18.9%	7.3%	6.7%	22.9%

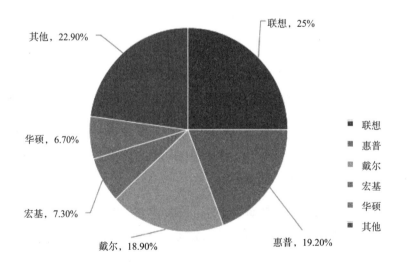

图 3-2-3　2022 年笔记本市场占有率

3.竞争产品属性分析

竞争对手产品的特性、市场竞争优势、存在的不足、产品市场细分等。

4.市场供给分析

主要原料供应商介绍、主要产品经销商介绍、主要产品生产商概述。

5.市场发展趋势分析

当前行业存在的问题、行业未来发展预测分析、行业投资前景分析等等。

（三）消费者研究

在调研分析中，针对消费者的研究主要分为两大类。第一类是针对消费者心理的研究，第二类是针对消费者使用方式的研究。

什么样的产品能激起消费者的兴趣？怎样才能促使消费者购买并持续使用该产品？要得到答案，必须对消费者心理进行研究。例如，人的需要是怎样产生的、影响消费者决策的因素有哪些、消费者的购买动机是怎样产生的等等。设计师必须更多地了解目标消费者，只有弄清楚这些问题，才有可能在竞争激烈的市场中取得胜利，才可能使产品符合消费者心理，设计出更适合消费者的产品。对消费者进行分析，我们首先要明确客户人群，也就是谁是消费产品的人，他们有哪些特征。可支配收入、客户喜好及性格特征、客户的特殊需求等也是设计师所必须掌握的有效信息。

案例二：老年人群分析。

具体步骤：

（1）老年人的年龄范围、性别、学历水平。

（2）该年龄段的老年人的可支配性收入。

（3）该年龄段的老年人的性格特征，是开朗、抑郁……

（4）该年龄段老年人的喜好。

（5）该年龄段老年人的生活环境。

（6）该年龄段老年人对产品的要求。

（7）该年龄段老年人获得产品信息的渠道。

（8）该年龄段老年人的消费方式。

（9）老年人对产品的特殊要求。

（例如老年人眼花耳背，对产品的文字显示、音量大小的要求就与一般使用者不太一样。）

通过制作调研报告，设计师可以对采集到的数据和信息进行有效分析，指导设计实践。

（四）环境分析

根据产品设计三要素，我们可以得出，产品本身不是独立存在的，它必然存在于一定的环境中。环境因素包括自然环境、社会环境和使用环境三种。（图 3-2-4）

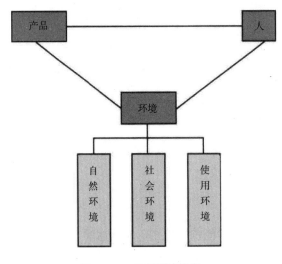

图 3-2-4　环境因素分析

1. 自然环境

不同的自然环境因素会影响消费者对产品的需求。以户外产品为例，在我国北方，环境干冷、风沙大，因此，产品要防风沙、防冻；而南方比较潮湿，产品要防锈、防滑等。

北欧天气寒冷，昼短夜长，人们的生活方式主要是在室内活动。恶劣的环境也使得他们充满了自强不息的生命力，他们的产品设计将人体工学、功能主义和美学结合得非常完美。由于北欧盛产木材，因此，他们在设计中大多运用木材。木材具有天然的亲和性，能使产品充满温暖，富有人情味。（图 3-2-5）

图 3-2-5　瑞典木制家具

反过来，产品也会影响自然环境。为了刺激消费，现代产品设计盲目地求新、求异，造成极大浪费，严重破坏了生态平衡。

"绿色设计""生态设计"就是要最大限度地节省资源，降低消耗，满足人类生活需求而不是满足无限制的欲望，提高人类精神生活质量。[①]

2. 社会环境

产品设计成功与否不仅取决于设计师的能力、水平，还受到自身企业文化和外部环境要素的制约与影响。目前制约我国产品设计主要是企业的体制和设计意识。

---

① 计静，郑祎峰，朱炜. 产品系统设计［M］. 合肥：合肥工业大学出版社，2016.

（1）企业的短视效应：重视短期盈利更甚于长期的设计投资，导致设计跟风，产品毫无企业文化可言。

（2）完全封闭的生产系统，导致产品缺乏竞争力。

（3）工程师的作用高于设计师，设计成包装外壳的代名词。

要改变这一现状，企业必须从整体上提高工业（产品）设计师的地位，企业要了解设计才是硬道理，模仿只能导致发展的滞后以及日后的失败。

3.产品使用环境

这是指对产品的使用环境、使用时间以及周边的配套产品进行的分析调研。作为产品，它不会单纯地出现在世界上，配套的周边辅助产品、周边环境在时间与空间上组成一个三维的使用状态，它们会对产品的功能、形态、色彩等起到重要的影响和制约作用。例如，同样是电脑，办公室场合下电脑的色彩、形态、硬件配置与娱乐场合中电脑的色彩、形态、硬件配置要求就有显著区别。因此，针对不同使用环境对产品进行研究，可以使设计更有针对性、着力点。（图3-2-6、图3-2-7、图3-2-8）

在分析产品使用环境时，常常使用"生活形态意向图"。所谓"生活形态意向图"是指将与该产品有关的产品、产品的使用环境等一些内容，以图片的形式放在版面中，有利于设计者提取相关的设计元素（色彩、材质、风格等）。

图3-2-6 机箱设计

图 3-2-7　办公产品设计

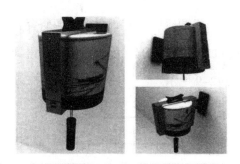

图 3-2-8　办公产品设计

案例三：时尚手机的生活形态意向图分析。

具体步骤：

（1）了解这款手机是给什么人用的。

（2）这类人群平常使用的产品，包括日用品等。

（3）这类人群平常使用该款手机的环境图片。

（4）这类人群希望使用什么样的手机。

（5）在图片中提炼色彩、材质、风格等用于手机的设计。

（6）将设计好的手机再放入该环境中验证是否和谐。

（五）企业自身研究

产品设计离不开企业，因此，在设计初期，不仅要对产品自身、环境因素、市场因素、消费者因素等进行深入细致的调查和研究，还要对企业自身进行研究。可以通过对企业的文化、种类的研究判断企业是创新型企业、保守型企业还是跟风型企业；可以通过对企业的资金运转情况、开发时间、人员配置等研究判断企业是否有可以胜任的设计师、工程师和管理者；可以通过对企业掌握的先进技术的内部考察，判断企业产品开发能否顺利实施。

二、整理研究

在进行一系列的市场调研后，要对众多的调研资料进行整理分析。采用不同图表形式能更加简洁明了地展示数据资料，得到最终结果。常见的图标分析案例如图 3-2-9 所示。

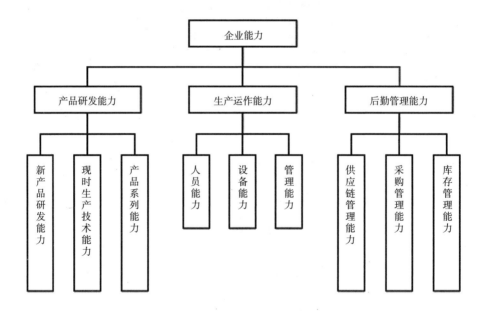

图 3-2-9　企业能力分析

三、确定设计突破点

在经过详细的市场调研分析后，通过具体的数据分析，企业将进行比较，逐步确定产品的战略定位、市场情形和目标人群，并将这些信息下发到设计部门。

设计部门在得到企业下发的有关产品战略定位、市场定位和目标人群的资料后，首先将企业语言转化为设计关键词，再根据这些关键词进行下一轮深入的设计调研，明确下一步的设计突破点。

第三节 产品结构设计

结构是构成产品形态的一个重要因素。即使是最简单的产品，也有它一定的结构形式。一个工作或学习用的台灯，就包含一个非常复杂的构造内容。如台灯如何平稳地放在桌上、灯座与灯架之间如何进行连接、灯罩怎样固定、如何更换灯泡、如何连接电源和开关等。人们通过对这些灯的部件之间进行连接、组合，构成一个产品最基本的结构形式。从中我们可以领略到产品功能必定要借助某种结构形式才能得到实现。因此，可以这样说，不同的产品功能或产品功能的延伸与发展必然导致不同结构形式的产生。

一、结构与自然

结构普遍存在于大自然的物体中，生物要保持自己的形态，就需要有一定的强度、刚度和稳定性的结构来作为支撑。一片树叶、一面蜘蛛网、一只蛋壳、一个蜂窝，看上去显得非常的微小，但有时却能承受很大的压力，抵御强大的风暴，这就是科学合理的结构在物体身上发挥出来的作用。在人们长期的生活实践中，这些自然界中科学合理的结构原理逐步被人们认识，并最终被加以利用。

早在远古时代还没有发明工具之前，人类就利用石块、树枝进行狩猎，利用山崖边的洞穴躲避风雨，用一些动物的甲壳来存放东西，这些石块、树枝和甲壳就是自然界中最基本的结构形式。随着人类对自然认识的不断发展和自身不断的劳动实践，人类逐步在自然物体结构的基础上发明了简单的工具及生活用具。（图3-3-1）

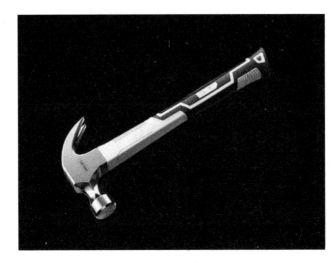

图 3-3-1　锤子的把手设计

例如在工业设计中，产品的形态与结构是紧密相关的。因此，作为工业设计的基本设计训练，研究形态与结构之间的相互关系是十分重要的，并要通过认真深入的观察，分析和研究普遍存在于自然界中的优秀结构实例，努力探索设计中新结构形式的可能性。

二、结构与产品形态的关系

物体形态的存在必须依赖于物体自身的结构。随着人们对事物认识程度的不断深化，自然界中一些优秀的结构形式不断被人们利用。科学技术的飞速发展和新材料的不断涌现，使一些物体的结构形式逐渐趋向科学、合理。反过来，对一些更加科学、合理的新结构的运用，又促使了事物形态的新变化。对工业产品而言，实用功能的发挥也必须借助于产品本身的结构形式。结构的科学性与合理性同样能体现出当代的科技成果及现代人们对新生活方式的追求。

在产品的形态设计中，结构的创新是至关重要的。因为在产品形态表现出的美感要素中，产品结构形式的新颖性与独特性占有十分重要的位置。

在现实生活中，我们常常会发现有新颖结构的产品往往能以崭新的面貌出现在消费者的面前，给人以强大的视觉冲击力，激起人们购买或使用的欲望。对产品结构进行创新，不仅能改善产品的使用功能，而且能提高工作效率，世界上不少企业正是利用了产品结构的创新设计打开了产品的销路，赢得了市场。

谈到产品结构，很多人就会认为结构是产品的内在构造，其实结构的内容是包罗万象的，复杂程度也大不一样。如设计一支圆珠笔，如何能放置笔芯、更换笔芯，如何能使手舒服地握住笔身，这些都是结构上的问题。除内部结构以外，有时产品的外形本身就是一种设计。如设计一个台钟，台钟放置在桌面上的方式就是一种结构，不同的放置方式必定引起台钟外部形态的变化。

形态设计中的材料要素，历来和结构紧密相连。不同的材料特性，使人们在长期的社会实践中学会了用不同的方法去加工、去连接组合材料。因此，不少新的结构正是伴随着人们对材料特性的逐步认识和不断加以应用的基础上发展起来的。构造创新是实现产品形态创新的一个重要条件。[①]

---

① 姚江.产品形态设计［M］.南京：东南大学出版社，2014.

第四节　产品外观模型设计

一、产品外观设计

（一）形

基本形包括二维空间形态元素和三维空间形态元素，其中二维空间形态元素为点、线、面，三维空间形态元素为点、线形、面片、体块。下面依次讲述。

1.二维空间形态元素

（1）点

点的形状有圆形、椭圆形、方形、尖状形、方圆组合形等，有明确中心、标量、集中、醒目的特征。在形态设计中，运用点可采取重复、渐变、对比、组合、变化等手法，构成生动活泼的节奏和韵律的变化效果。

①点的张力

当点存在一个空间内，它就在环境中产生了一种客观存在的视觉感受，并主动影响着它周围的视觉空间，组织着它所处的空间范围，并且形成点的张力。（图3-4-1）

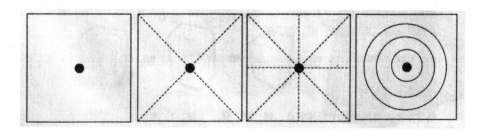

图3-4-1　点的张力

②点群

当两个或两个以上大小或形态相似的点之间距离接近时，它们便会受到张力的影响形成一个整体。（图 3-4-2、图 3-4-3）

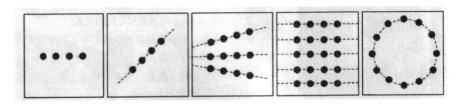

图 3-4-2　点群

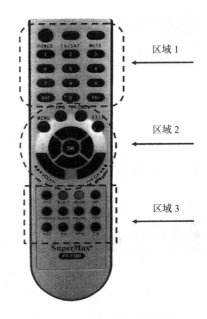

图 3-4-3　遥控器的按键排列

在产品的外观形态上，可以被感知为点的情况非常多，如按键、散热孔、发音孔、文字图标、指示灯等都会有点的性质。

点在空间中的大小比例关系取决于：

A. 点与周围空间大小的比例。

B. 点与同一空间中的其他形之间的关系。

（2）线

线是一切形象的基础，决定形态基本性格的重要因素，是设计师的重要设计语言。

线可以用来连接、联系、支撑、包围、贯穿或截断其他视觉要素等；线可以用来描绘面的轮廓、赋予面的形状，在视觉上表现方向、运动和增长，且具有视觉张力。

直线——垂直线、水平线、斜线、折线、对角线等，能给人以简单、直率、明了、快捷、有力感，具有男性性格，称为硬线。

曲线——几何曲线（弧线、抛物线、双曲线）、自由曲线等，给人以柔和、圆润、运动、变化感，具有女性性格，称为软线。

粗实线厚重、强壮；细实线敏锐、轻巧；垂直线端庄、严肃；水平线稳定、庄重；斜线运动、发射；几何曲线理智、丰满；自由曲线奔放、丰富等。

线在产品外观形态上的视觉感知主要体现为：①产品的外形特征线；②产品表面的装饰性线或具有功能性的线（图3-4-4）；③产品的结构分型线。（图3-4-5）

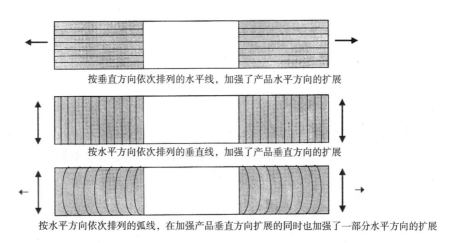

按垂直方向依次排列的水平线，加强了产品水平方向的扩展

按水平方向依次排列的垂直线，加强了产品垂直方向的扩展

按水平方向依次排列的弧线，在加强产品垂直方向扩展的同时也加强了一部分水平方向的扩展

图3-4-4　产品表面的线

图 3-4-5　产品结构分型线

（3）面

二维空间中的面在视觉上，主要表现为线封闭形成的形状。在视觉构成中，面起着限定空间界限的作用。

直线平行移动形成方形面，旋转移动形成圆形面，摇摆移动形成扇形面。面的形状有几何形、不规则形、有机形、偶然形等。

正方形规矩、朴实、庄重；长方形均匀、端庄、和谐；三角形稳定、锋利、向上；梯形含蓄、生动；椭圆形流利、圆润；圆形充实、完整、柔和等。

正圆形、椭圆形形成的面都有饱满、圆润的特点，也是容易识别的形态之一。

虽然自由曲线的变化是无规律的，所形成的面难以传达出理想的秩序，所以难以被人理解，但可以表现出感性或具有艺术感染力的情感特征。

凸形和凹形是一组相对的形态，凸形表现出明确的力量感，凹形更富于表现二维空间中的虚形。（图 3-4-6）

图 3-4-6　凸形和凹形

2. 三维空间形态元素

（1）点

点存在于产品表面，常被作为功能性的按键、散热孔、指示灯等，在符合整体构成关系的前提下，能以更多的三维形态出现，以突出产品形态的细节特征，加强设计表现的层次。

（2）线形

具备三维形体空间的性质，可测量、有体积、有物理性质，能被赋予材质并实现产品功能。线形能以很小的空间体积占有量表现与体块相同的产品形态，而表现的空间变化比体块和面片活跃得多。

（3）面片

可以从体块中抽取出与其相对应的形态特征的面片，面片主要能表明实体模型表面的组成部分。面片产生的虚空间可以给产品形体的表达带来丰富的空间层次。

平面面片：平面面片能表达出轻巧、纤薄、挺拔等视觉特征，能以多种组合方式形成更多的形体，在家具等不需要包裹内部结构且直接以形体结构为形态的产品上广泛应用。

图形轮廓的变化影响着平面面片在整个产品形态中的作用。

平面面片可以通过轴线的弯折变化，并以多种方式组合加工，产生无穷的形态变化。

曲面面片：曲面面片可以给产品带来完全不同的空间结构，主导曲面面片的轴线方向影响着面片形态的变化。

（4）体块

体是长、宽、高三维空间构成的立体形态，它是构成产品形态最常用的基本元素。体分为规则几何体（球体、圆柱体、圆锥体、立方体、棱柱体等）和不规则立方体形（由自由切割变化形成）。

立方体厚实、庄重；球体活泼、动感；棱柱体明快、舒展；椎体上升、轻盈等。

3. 形的指示性特征

形有视觉指示性特征，能暗示人们该形的含义与正确的使用方式。在形态设计中要明确形态指示含义的准确性与正确性。例如：

（1）通过造型形态相似性来引导人们正确使用产品。如将裁纸刀的进退刀按钮设计为大拇指的负形并设计有凸筋，不仅便于刀片的进退操作，还可以暗示它的使用方式，许多水果刀或切菜刀也设计为负形以指示手握的位置。（图 3-4-7）

（2）通过造型的因果联系来指示操作行为的准确性和暗示产品的性能。如旋钮的造型采用周边侧面凹凸纹槽的多少、粗细这种视觉形态，来传达出旋钮是精细的微调还是大旋量的粗调；（图 3-4-8）容器利用开口的大小来暗示所盛放东西的贵重与否、用量多少和保存时间长度等。

（3）通过造型形态来满足用户的安全感需求，如侧吸式油烟机相比传统顶式抽油烟机在造型上让人更有安全感，能有效满足使用者在烹饪过程中防止碰头的安全需求。

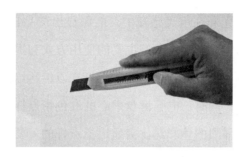

图 3-4-7　美工刀的进退按钮

图 3-4-8　显微镜的旋钮

（二）色

色作为产品的色彩外观，不仅具备审美性和装饰性，还具备符号意义和象征意义。作为视觉审美的核心，色彩深刻地影响着人们的视觉感受和情绪状态。人类对色彩的感觉最强烈、最直接，印象也最深刻，产品的色彩来自色彩对人的视觉感受和生理刺激，以及由此而产生丰富的经验联想和生理联想，从而产生复杂的心理反应。产品设计中的色彩，包括色相明度、纯度，以及色彩对人的生理、心理的影响。

产品设计中的色彩在审美感知中，能彰显出产品自身的性格及特色，同时，在功能感知中又能暗示人们主要的使用方式和提醒人们的注意。例如，IBM 的笔记本电脑一贯以黑色为主色调，以传达给用户一种稳定、安全的产品品质特征；同时，电脑键盘中心的红色指点杆在整体全黑的机身色彩中十分醒目。强烈的色彩对比突显出指点杆的重要作用，起到了视觉指引作用，能引导用户迅速找到并进行操作。IBM 系列笔记本电脑一直沿用了这种黑色机身色彩与红色指点杆的色彩搭配，这种整体色彩风格的一致性也保障了 IBM 品牌笔记本产品形象的统一性，从产品色彩层面塑造了品牌识别的主要特征。

同时，人们对色彩的感受还受到所处的时代、社会、文化、地区及生活方式、习俗的影响，反映了追求时代潮流的倾向。20 世纪 90 年代末期，苹果电脑推出革命性的个人电脑 iMAC G3，它以半透明的彩色塑料为外壳，内部机芯若隐若现，能传递出科技的魅力。iMAC G3 丰富而活泼的色彩打破了以往家用电脑色彩单一、沉闷的特点，重新赋予电脑产品新的活力，也为使用者的生活和工作带来了新的动力。由此可见，色彩一方面依附于产品的形体外，装饰和美化着产品形体，另一方面又能主动地诠释产品自身的特点，赋予产品更加丰富的审美感知。

（三）质

质主要是指材料和质感。材料是产品形态塑造的基础，离开了材料，形态便无从塑造和感知。材料对形态的影响主要包括材料本身的物理属性和材料带给人的心理属性与材料的表面特征——质感、肌理给人的视觉和触觉的感受以及心理联想及象征意义。

人们手指尖上的指纹使手的接触面变成了细线状的突起物，从而提高了手的敏感度并增加了把持物的摩擦力，这使产品尤其是手工工具的把持处获得了有效的利用。PHILIPS 电动剃须刀的机身对不同材质的综合运用让使用者在抓握、操作过程中能更好地控制产品，使其不易滑落，并根据触感来控制开关；NOKIA 的倾慕系列手机机身皮革、纺织布、塑料等材质的综合运用丰富了产品的触感，增加了产品的象征意义，并让产品更值得品味。

二、模型设计

（一）模型设计的意义

模型是产品设计流程中很重要的一部分。许多设计领域，例如电动工具设计、汽车设计、手机设计等，模型是设计阶段必不可少的一部分。它利用真实的色彩和材质、精确的尺寸和比例塑造出的三维实体，有更加直观的优越性，弥补了平面造型的不足，能有效地检验产品设计的效果。

设计师在设计构思初期，会进行无数概念效果图的绘制，但相对具象的三维形象，二维形象在感知上还有一定缺陷。在这个阶段，结合草图进行草模制作，设计师可以更好地感受设计方案。草模制作简单、灵活、修改方便，有利于启发设计人员的想象力。例如考察一个手柄的弧度是否合适、握感是否舒适，二维软件和三维软件是无法模仿它触感的，而模型则可以让人真实地感受到因曲线的不同造成的触感差异性。因此，只有经过了模型的检验，产品才能达到最好的效果。

在产品结构设计中，通常要制作 CNC 模型模拟真实结构。通过对 CNC 的结构组装和硬件组装，设计师可以找出结构方面的装配问题、硬件与结构方面的配合问题，避免在开模后出现问题而造成重大的经济损失。

同时，模型还可以在正式投产前进行小范围的市场调研，实体模型更有利于消费者对产品进行认知和理解，这也是企业在大批量生产前试探市场的有效手段。因此，模型制作既可以帮助我们更好地完成设计，也可以帮助企业在向生产转化的过程中，尽量减小风险，避免不必要的损失。

（二）模型用材的选择

按制作的材料区分，模型通常分为：油泥、黏土、玻璃钢、ABS、石膏、发泡材料、木材、金属甚至纸模型等。目前，对我国工业设计专业的学生来说，一般常用的材料主要为玻璃钢、ABS、石膏、发泡材料、纸、有机玻璃等。

石膏：石膏价格低廉，成型容易，雕刻方便，雕出来的石膏模型具有一定强度，且不易变形走样，便于较长时间的保存。石膏模型可以粗略加工并且可以涂饰着色，一般用于制作一些细部不是很精细、形状不太复杂的产品模型。目前，学校常用石膏作为立体构成的原材料。（图 3-4-9）

图 3-4-9　石膏模型

发泡材料：发泡材料模型质量较轻，材质松软，容易加工成型。制作出来的模型，不易变形，有一定强度，能长时间保存；但是怕碰撞和重压，不宜进行精细的加工刻画，适于制作产品的构思草模或者是一些形状较大、形态不复杂的产品。制作出来的模型抹上原子灰风干后，可以进行喷漆等后期处理。

ABS板材：这种模型质量较轻，切割、着色、黏结都比较方便，能制作一些精密的细节，因此常被用于制作小型精密产品的模型。缺点是ABS板材成本较高，加工精细难度大。学校模型室在制作一些比较复杂的模型时，一般采用将ABS板材和发泡材料结合起来的方法。（图3-4-10）

图3-4-10　ABS板材模型

（三）模型加工工艺

不同模型用材不同，加工工艺也千差万别。下面将对几种常见材料的加工工艺进行介绍。

石膏：石膏模型是利用石膏粉和适量的水混合形成的固体物。一般石膏和水的配比为1.2：1或者1.35：1，搅拌时注意不要产生气泡，搅拌到一定程度后倒入模具，石膏凝固后脱模取出，成为毛坯形体。然后利用雕刻刀在石膏上以先整体后局部、先方后圆的步骤雕刻成形。形态雕刻好后要进行风干处理。石膏形态必须等到完全风干，方可进行精细加工——砂纸打磨处理。处理后的石膏模型可以直接喷漆处理。石膏模型的粘接，要求用石膏粉调浆自行粘接，前提是粘接件本身较湿润，这时的黏结效果比较好。

发泡材料：发泡材料和石膏的加工工艺相似，它不需要浇注，我们可以直接通过理刀、雕刻刀、砂纸等进行形态加工。与石膏材料不同，发泡材料加工后不能直接喷漆，否则会导致表面腐蚀，因此外层必须覆盖"原子灰"进行保护后方可喷漆。原子灰涂抹干燥后，要用砂纸打磨平滑。发泡材料模型的粘接，一般采用无腐蚀性和酸碱性的胶粘接完成。

ABS 板材：分为平板加工和弧度加工。平板加工可以采用切割工具，例如钩刀、电热切割仪等进行切割处理。做一些比较复杂的弧度时，可以将 ABS 板材与发泡材料结合起来使用，先利用发泡材料做底模，进行外形的粗加工，要注意底模弧度的准确性，会直接影响 ABS 板材的外形；然后将 ABS 板材放进烘箱烤软后，覆盖在发泡材料上进行压模；最后对细节进行精加工，完成模型的制作。

第五节　产品形态的仿生设计

一、仿生学的概念

（一）什么是仿生设计

自然界到处充满活生生的"优良设计"实例，对设计师而言，自然界是个取之不尽、用之不竭的"设计资料库"。诸如无生命的山川河流、有生命的飞禽走兽，还有多姿多彩的花草树木，除有丰富的造型之外，绚丽的颜色也给人以视觉上的无比享受。自然界的动植物在经历了几百万年适者生存法则的自然进化后，不仅已经完全适应自然，而且进化程度也接近完美。这些自然的"优良设计"，有的机能完备，让人叹服；有的结构精巧，用材合理，符合自然的经济原则；也有的美不胜收，让人爱不释手；有的甚至是根据某种数理法则形成，它合乎"以最少的材料"构成"最大合理空间"的要求。这些生物形形色色的奇特本领耐人寻味，使人浮想联翩。我们在赞赏之余，是否能从这些精妙的设计中，获取一些灵感呢？答案是肯定的。

仿生设计是在仿生学的基础上发展起来的。它以仿生学为基础，通过研究自然界生物系统的优异功能、形态、结构、色彩等特征，有选择性地在设计过程中应用这些原理和特征进行设计。仿生学是在生物科学与技术科学之间发展起来的，模仿生物系统的原理来建造技术系统的一门新兴边缘学科。仿生学恰似"桥梁"和"纽带"，连接着生物科学与技术科学。

（二）历史上的仿生

人类在遥远的岁月里似乎就认识到能从自然生态系统中领悟到自

身生存、发展、进步的真谛。人类从蒙昧时代进入文明时代就是在模仿和适应自然规律的基础上发展起来的。回顾中国的文明史，不难看到模仿自然生态的痕迹。从远古原始人构筑的人首龙身、人面鸟身等想象之物，到现实生活中以各种动物形态为原型的实用器皿，如牛形灯、鹰形壶等；从神话传说中人的羽化飞升，到春秋战国时期的鲁班从草叶的齿形边缘中"悟"到了锯的原理等，大量的事例记述了人们对自然生命的外在形态和功能创造性的模仿。古时人们看到鸟儿在天上自由自在地飞翔，就向往人也能像鸟一样飞上天，于是便用各种方法模仿鸟。经过漫长岁月，从最初的木制飞人发展到今天的超音速飞机，终于实现了人类在蓝天上自由飞翔的梦想。达·芬奇被认为是现代仿生学之父。在大约公元1500年，他完成了鸟翅模型之后，又画了一系列无法实现的飞行设备草图。大约400年之后，奥托成功了，他根据鹳的翅膀制造的滑翔机成功地飞行了250米，而且他也取得了"滑翔机之父"的称号。而我们小时候玩的竹蜻蜓，便是现代直升机的雏形（图3-5-1）。一直以来，许多研究者都在不断尝试把自然界的形态和功能类比地应用于科学。[①]

著名的德国工业设计师路易吉·科拉尼是仿生设计理论的大力倡导者和实践者，他那蕴藏着人类责任感的设计哲学思想，以及呼吁人类社会与大自然和谐统一的设计观念，都有着极其深刻的划时代意义（图3-5-1）。他鲜明的仿生设计原理与方法、强烈的造型意念和极具旺盛生命力的设计，成功地影响了后代设计师。运用仿生性思维进行设计，可作为人类社会生产活动与自然界的契合点，使人类社会与自然达到高度的和谐统一，仿生设计正逐渐成为工业设计发展的大趋势。

---

① 姚江.产品形态设计［M］.南京：东南大学出版社，2014.

图 3-5-1 仿照蜻蜓的形态设计的直升机

（三）现代工业设计中的仿生

现代社会文明的主体是人与机器。人类在这种文明导致的生态失调状况下开始反思并力求寻找新的出路，建立人与自然、机器的对话平台。共生哲学观强烈地呼吁人与机器、生态自然与人造自然之间合理的建构，强调达成人类社会与自然高度的和谐。那么，师法自然的仿生设计就是一种良策和新理念。

仿生设计是人们在长期向大自然学习的过程中，经过积累经验，改进功能与形态，从而创造更加优良的人造物。尤其是当今的信息时代，人们对产品设计的要求和过去不同，既注意功能的优良特性，又追求形态的清新、淳朴，同时注重产品的返璞归真和个性。提倡仿生设计，不但能创造功能完备、结构精巧、用材合理、美妙绝伦的产品，同时还能赋予产品形态以生命的象征，让设计回归自然，增进人类与自然的统一。

（四）仿生学的特点和研究的内容

仿生设计学是仿生学与设计学互相交叉渗透结合成的一门边缘学科，研究范围非常广泛，研究内容丰富多彩，特别是由于仿生学和设计学涉及自然科学和社会科学的许多学科，因此我们很难对仿生设计学的研究内容进行划分。这里，我们是基于对所模拟的生物系统在设计中的不同应用而分门别类的。归纳起来，仿生设计学的研究内容主要有以下几方面：

1. 形态仿生设计学

研究的是生物体（包括动物、植物、微生物）和自然界物质存在（如日、月、风、云、山、川、雷、电等）外部形态及其象征寓意，以及如何通过相应的艺术处理手法将其应用于设计之中。（图 3-5-2）

图 3-5-2　甲壳虫汽车

2. 功能仿生设计学

功能仿生设计学主要研究生物体和自然界物质存在的功能原理，并用这些原理去改进现有的或建造新的技术系统，促进产品的更新换代或新产品的开发。（图 3-5-3）

3. 视觉仿生设计学

视觉仿生设计学研究生物体的视觉器官对图像的识别、对视觉信号的分析与处理，以及相应的视觉流程；它广泛应用于产品设计、视觉传达设计和环境设计中。（图 3-5-4）

4. 结构仿生设计学

结构仿生设计学主要研究生物体和自然界物质存在的内部结构原理在设计中的应用问题，适用于产品设计和建筑设计。研究最多的是植物的茎、叶以及动物形体、肌肉、骨骼等结构。（图 3-5-5）

图 3-5-3　利用人的功能结构和行为方式设计的机器人

图 3-5-4　利用苍蝇的复眼设计夜视产品

图 3-5-5　利用鸟巢结构设计的鸟巢体育馆

二、产品形态设计的仿生

产品形态的仿生设计主要是对生物体外部形态的分析，可以是抽象的，也可以是具象的。具象的形态是透过眼睛构造以生理的自然反应再现事物。因此，它具有亲和性和自然性，但由于形态复杂，一般不宜被用于工业产品；抽象的形态是用简单的形体反映事物独特的本质和特征，这种"心理"形态经过联想和想象把形体浮现在人们的脑海中，经过人主观的联想后能产生变化多端的形体。在此过程中，人们重点考虑的是人机工学、语义、材料与加工工艺等方面的问题。（图 3-5-6）

图 3-5-6　利用人的形象进行的仿生

（一）形态仿生的类型

形态仿生设计是对生物体的整体形态或某一部分特征进行模仿、变形、抽象等，以达到造型的目的，这种设计方法可以消除人与机器之间的隔阂，提高人的工作效率、改善工作心情等。（图 3-5-7）从再现事物的逼真程度和特征角度，形态可分为具象形态和抽象形态。

图 3-5-7　蚁椅

1. 具象形态的仿生

具象形态是透过眼睛观察建立起生理的自然反应，可以诚实地把外界的形映入眼膜刺激神经后让人感觉到存在的形态，比较逼真地再现事物的形态。由于具象形态有很好的情趣性、可爱性、有机性、亲和性、自然性，人们普遍乐于接受，它在玩具、工艺品、日用品中应用比较多。但由于形态的复杂性，很多工业产品不宜采用具象形态。（图 3-5-8）

图 3-5-8　采用仿生造型的趣味产品

2. 抽象形态的仿生

抽象形态是提炼物体的内在本质属性，此形态作用于人时，会产生"心理"形态，这种"心理"形态必须是生活经验的积累，可以经过联想和想象把形浮现在脑海中，那是一种虚幻的、不实的形，属于高层次的思维创造活动。因此对原生形态必须经过抽象才能应用于产品设计中。（图3-5-9）

图 3-5-9　儿童卡通产品

抽象后的形态既带有自然美，也包含对生活的感受，能显示出一种含蓄性，因此更容易触发我们的想象，更有艺术的感染力。

经过抽象后的某些形态已经看不出仿生源自哪一种具体的生物形态，能让人较明显地感受到"像"某个生物形态，同时又能让人不太容易说出源于哪种具体形态。

3. 恰当选择仿生的对应物

（1）准确选择和灵活运用形状、体量感、比例关系、质感肌理、色彩搭配等特征。

（2）努力追求形态的情感性和趣味性，着力于激发人的激情，使人的内心找到快乐的感受。（图3-5-10）

图 3-5-10　储钱罐设计

（3）把握事物形态本质的特征，尤其是对这些特征中能和产品形态、产品意义、产品功能及使用环境等因素发生关联的特征进行提取和运用。

（二）形态仿生的方法

1. 形态高度简洁、概括

形态高度简洁化和概括性，指的是形态本质的抽象表现，设计者从大自然的事物中找到参照物，从视觉和从心理的角度出发，对形态进行高度的概括和总结，找到有特征的表现部分，并加以放大，通过抽象化的设计语言，用点、线、面的方式来组合新的产品构成，从而表现出产品的活力与特点。因此，形态高度简洁化和概括性在形式上表现为简洁性，而在传达本质特征上表现为高度的概括性。

这种形式的简化与特征的概括，正好吻合现代工业产品对外观形态的简洁性以及语意性的要求。因此，它被大量应用于现代产品设计中。（图3-5-11）

图 3-5-11　胎椅

2. 形态联想丰富

抽象仿生形态作用于人时，产生的"心理"形态必须有生活经验的积累，经过联想和想象才能产生。因此，它充分地解放了人无限的想象力；同时，因人的生活经验不同，经过个人主观喜好联想产生的"心形"也不尽相同。因此，这种形态产生的生命活力自然丰富。

3. 抽象形态多样化

设计者在对同一具象形态进行抽象化的过程中，由于生活经验、抽象方式方法以及表现手法不同，抽象化所得的形态有多种。具象仿生仅模仿生物表层，思想性和艺术性相对低一些；抽象仿生集中于提炼物体的内在本质，是一种特殊的心理加工活动，属于高层次思维创造活动。因此，现代高精尖的工业产品多应用抽象仿生的手法进行设计。

（三）形态仿生的作用

首先，仿生形态的宜人性可以使人与机器形态更加亲近。自然界生物的进化、物种的繁衍，是在不断变化的生存环境中合乎逻辑与规律地进行着调整和适应。这都是因为生物机体的构造具备了生长和变异的条件，它随时可以抛弃旧功能、适应新功能。因此，产品设计要根据人的自然和社

会属性，在生态设计的灵活性和适应性上最大限度地满足个性需求。（图3-5-12）

其次，仿生形态蕴含着生命的活力。生物机体的形态结构为了维护自身、抵抗变异形成了力量的扩张感，使人感受到一种自我意识的生命和活力，唤起我们珍爱生活的潜在意识。在这种美好和谐的氛围下，人与自然变得融合、亲近，消除了对立的心理不安状，使人感到幸福与满足。（图3-5-13）

最后，仿生形态的奇异性丰富了造型的形式语言，无数有机生命（动物与植物）丰富的形体结构、多维的变化层面、巧妙的色彩装饰和图形组织以及它们的生存方式、肢体语言、声音特征、平衡能力，都为我们人工形态设计提供了新的设计方式和造美法则。生物体中体现的与人沟通的感性特征将会给我们新的启示。（图3-5-14）

图 3-5-12　压核桃器

图 3-5-13　压蒜泥器

图 3-5-14　插花器

　　人们发现，动植物某些方面的功能，实际上远远超越了人类自身在此方面的科技成果。生存在自然界中的各种各样的动植物能在各种恶劣复杂的环境中生存与运动，这是运动器官和形体与恶劣复杂环境斗争进化的结果。今天，我们生活在科学技术飞快发展的时代，学习和利用生物系统的优异结构和奇妙的功能，已经成为技术革新的一个新方向。

　　产品功能仿生设计主要研究生物体和自然界物质存在的功能原理，以及如何将这些原理应用于产品的创新和改良设计中，从而优化和完善产品的整体功能，达到提升产品的综合品质的目的。

三、结构与材料仿生

随着仿生学的深入开展，人们不但从外形、功能去模仿生物，而且从生物奇特的结构中也得到不少启发。在"仿生制造"中不仅是模仿大自然外部结构，而且要学习与借鉴它们自身内部的组织方式与运行模式。它们为人类提供了"优良设计"的典范。

产品结构仿生设计主要研究生物体和自然界物质存在的内部结构原理，以及如何将这些结构原理应用到产品的设计中去，从而优化产品的内部结构。比如蛋壳、乌龟壳和贝壳都有弯曲的表面，它们虽薄，但耐压。又如巴黎埃菲尔铁塔的设计便受到骨的微观组织启示。（图3-5-15）

图3-5-15 埃菲尔铁塔

人们发现，动植物的某些结构与形式，远远超越了人类在此方面的科技成果。随着仿生学的深入，人们还从生物的结构和肌理中得到启发，学习与借鉴它们内在的组织形式与运行模式，来实现"以最少材料"构成"最大合理空间"的构想。

例如，蜂巢是由一个个排列整齐的六棱柱小蜂房组成，每个小蜂房的底部由三个相同的菱形组成，这些结构与近代数学家精确计算出来的菱形钝角 109° 28' 和锐角 70° 32' 完全相同,是最节省材料的结构,且容量大,极其坚固,令许多专家赞叹不止,人们仿其构造用各种材料制造出蜂巢式夹层结构板,强度大,重量轻,不易传导声和热,是建筑及制造航天飞机、宇宙飞船、人造卫星等理想材料。(图 3-5-16)

所有的柔性材料如藤、绳、索都有极强的抗拉特性,由柔性材料组成的建筑结构被称为悬索结构,具有跨度大的特点,而且特别节省材料。蜘蛛网就是自然界中的悬索结构的代表,蜘蛛网能承受很大的力,有的蜘蛛网上放上一个啤酒瓶也不会掉下来。(图 3-5-17)

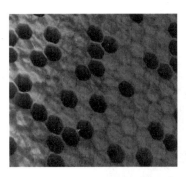

图 3-5-16　利用蜂巢形状设计的新西兰国会大厦

图 3-5-17　蜘蛛网的悬索结构

四、综合仿生

在现代工业产品设计中,单纯地从形态、功能、结构或材料的某一个方面来仿生是很少见的，更多的是综合形态、功能、结构和材料的多方面来进行仿生设计，而且设计师还从大自然的生存哲学，和谐与共生的角度进行仿生设计，诸如绿色仿生设计、可持续仿生设计等。图 3-5-18 中这款由德国设计师设计的名为 Tripos 的相机就同时具备了以上两个功能，由于配备了三个内凹的鱼眼镜头，同时外壳采用抗冲击的弹性材料，该设备不仅可以满足人们拍摄全景照片的需求，还可以像弹力球一样抛出去，人们能看到它在空中捕捉到的图像是什么样子。

仿生学是研究生物系统的结构和性质，为工程技术提供新的设计思想及工作原理的科学，它对汽车产品的提升和发展同样影响巨大。宝马汽车专家基于这一认识，便在汽车设计和材料的选择中开启了"与大自然合作"的过程。宝马集团董事 Burkhard Goschel 博士指出，仿生学概念是对传统生产方式的丰富和补充。原材料和零部件可以通过与生物进化类似的原理得到改进与提高，在我们身边有太多这样的例子：在追求轻量构架的过程中，我们发现重量轻也就意味着充沛的动力和更经济的油耗。于是，当代宝马 5 系和新 3 系在提高舒适性和安全性的基础上，车身重量较前一代却没有增长。实际上，当代宝马 5 系的车重反而减少了 40 多千克。

图 3-5-18　Tripos 相机的仿鱼眼摄像头

在设计中，宝马汽车首先利用了自然中空结构。虽然有很多高度复杂的中空结构，却有着出色的韧性和强度，这些正是汽车生产需要的特性。

宝马的设计师借助大自然激发的灵感，通过应用仿生学，扩展并推动汽车产品、工艺的传统设计理念，使宝马汽车更轻、更安全、更省油，同时更舒适、动感，延续宝马的纯粹驾驶乐趣。

总之，仿生作为人类古老的造物法则，自古就对解决人类自身的饮食、居住、出行以及娱乐等诸多问题有着重要的借鉴意义，特别是在科技飞速发展，而在环境问题日益突出的现当代，仿生这一设计方法将有更加重要的意义。

（1）仿生设计方法可以将环保、节约、绿色的生态理念带到新产品的开发与制造过程中。产品是为人类生活服务的工具，设计者需要根据人们遇到的迫切需要解决的问题进行设计。所以设计的出发点和目的都是"为人"，产品不仅需要满足人使用时的安全、舒适、易用等需求，还要促进人与自然的和谐相处，从而达到设计的最高境界。通过从自然生物身上获得启发，设计师运用生态学的基本思想进行新产品的开发设计可以从根本上解决产品与整个环境和人类社会系统之间的关系。

应用生物学原理进行产品的创新设计，可以在产品的结构、材料、形态等方面实现巨大突破，优化产品整体功能和延长产品的生命周期，在更好地满足人们需求的同时，达成节约资源、降低开发设计成本的目的。

（2）仿生设计方法可以大大丰富产品的精神与文化内涵，使产品变得更加人性化和情感化。现代社会，由于快节奏生活、学习以及工作状态，使人们的精神日益紧张，心理压力也在逐渐增大。因此，人们在各种各样的活动中不再希望所触及的产品过于简单、乏味冷漠，而更愿意使用有亲和力和丰富人情味的产品，以缓解社会带来的心理压力并放松紧张的精神。人类本来就是从自然界中进化发展而来的，人类的生存和生活一直都离不开大自然，自然界中的生物和物质存在能给人以与生俱来的亲切感。因此，我们通过对自然界模仿设计而成的产品自然会唤起使用者对人类母亲——大自然的回忆，从而让产品成为联系人类与自然的中介，成为人类情感得以寄托的寓所。（图 3-5-19）

（3）仿生素材库的建立可以为设计师进行产品创新设计提供新原型。德国著名设计大师路易吉·克拉尼曾说："设计的基础应来自诞生于大自然的生命所呈现的真理中"。这句话道出了自然界蕴含着无尽设计宝藏的天机。自然界中无数的有机生命，在进化的过程中逐渐形成了符合形式美法则的结构、形态、色彩与图形，它们的生长与活动过程中的某些瞬间也呈现出了令人叹为观止的优美造型。目前，自然界中存在着上千万种生物，每一种生物在形态上都有自己的特征，我们通过归纳总结，可以创建一个仿生素材库，为设计师进行产品形态设计提供参考，丰富产品的形态式样，从而改变现在千篇一律的产品充斥市场的状况。

图 3-5-19　仿照变形金刚设计的电脑主机，摆脱了冰冷的设计，更具亲和力

第六节 产品设计生产与市场的转化

一、制造联试阶段

结构确认后，产品就要进入制造联试阶段。在设计后期，验证和测试的重要性越来越明显，对产品品质的影响也越来越大。一些企业为了缩短产品研发时间，提前使产品进入市场，往往忽略验证和测试的过程，导致产品大批量进入市场后，发生许多不可逆转的问题，严重影响产品的质量和企业的声誉。例如，许多大型汽车企业在产品大批量投产后，发现质量问题，只好全部召回，导致企业经济效益和声誉严重受损。因此，必须在制造联试阶段把设计造成的先天性或隐性缺陷消灭在形成过程中。

这个阶段的工作是从开模活动开始，直到预中试通过结束。在此阶段，主要的工作是开模技术支持、样品测试、装机确认、修模技术支持、预中试物料齐套、预中试支持、中试前物料封样、协助中试物料齐套等，目的是在正式大批量生产前，安排好"早期报警"。预中试的目的是通过小批量产品生产，验证前期设计是否存在问题；中试是通过一定数量的产品生产，验证产品是否满足大批量投产上市的要求。通过预中试、中试再次调整产品结构细节、模具问题，避免因大批量生产而产生损失。

在此期间，研发工程师必须做好质量检测，必须进行样品认定。例如：产品的技术指标是否达到标准；对一模两穴的零件，每一穴的零件都要进行尺寸检验和交叉装配检验，避免不同穴的零件造成装配后有松有紧的状况；根据实际情况，确定产品是否可用于试生产；对已经确认可用于试生产的样品，研发工程师必须签字、确认才能将其发放到生产商。生产商接到合格样品后方可根据此样品进行生产。

二、大批量投产阶段

生产工序及工位的制定是提高产品生产质量和生产效率的有效途径。规范生产操作过程，可以保证不同批次产品生产的一致性，充分避免生产过程中产生的一些不良影响。例如静电、防尘等。将生产列入产品系统设计的目的是保证产品满足企业的可生产性要求。

产品通过中试后，就可以进行大批量地投产，进入市场。进入市场后，并不代表设计的终结，恰恰是另一次设计的开始。产品是综合性的，进入市场与人和环境接触后，必然出现与消费者需求、社会发展、市场等不适应的问题。这会直接或间接地影响产品在市场上的竞争力以及产品的生命周期。因此，企业除了做好产品的营销推广，还必须派出大量市场人员进行市场反馈，了解消费者对新产品的意见与看法，对新产品进一步完善和提高，为新一轮的设计做好准备。

第四章 产品设计的思维方法

人们只有通过创新设计思维与方法的理论学习，熟悉不同的创新设计思维形式，并重点掌握不同的创新设计方法，才能学会根据设计方案选择合适的创新设计方法，为发散思维、开展设计并为完善设计方案做准备。本章节主要论述了产品设计的创新设计思维与方法，分别从产品创新设计相关概念、产品创新设计思维、产品创新设计技巧、产品数字化设计及标准化四个方面进行分析。

第一节　产品创新设计相关概念

一、设计的概念

设计是把一种计划、规划、设想通过视觉的形式传达出来的活动过程。人类通过劳动改造世界，创造文明，创造物质财富和精神财富，最基础、最主要的创造活动是造物，设计便是对造物活动进行预先的计划。

创新是以新思维、新发明和新描述为特征的一种概念化过程。它有三层含义：第一，更新；第二，创造新的东西；第三，改变。创新是人类特有的认识能力和实践能力，是人类主观能动性的高级表现形式。创新在经济、商业、技术、社会学以及建筑学这些领域的研究中有着举足轻重的分量。

设计是一种创造性活动，创造性活动需要突破性的改变。改变是设计的本质要求，只有美妙的改变才能散发出设计的魅力。创新是一种超越性的改变，这种改变是全新探索的成果。从意识形态上来说，创新是设计至关重要的组成因子，如图 4-1-1 所示。缺失创新的设计，存在性必然会受到致命的影响。

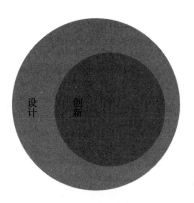

图 4-1-1　设计与创新的关系

二、产品创新设计

通过了解设计与创新之间的关系，我们可以得出产品设计的本质是创新设计，创新的重要性被凸显出来。产品创新设计追求的是超越已有的产品，提供全新的存在形式和服务方式。在前边的论述里也提到过，随着人类文明成果的积累，产品世界已经变得异常丰富。科技是一把双刃剑，在带来丰富产品的同时也带来了愈加复杂的、亟待解决的新生问题。加之消费者追求更加优质的服务，冲破这些新问题的缠绕，产品设计需要用创新幻化出有说服力的改变。手机的演变是由非智能手机到智能手机，这是由产品设计创新产生的。

面对需求环境的变化，设计要解决的问题已经完全不同于以往。不同的设计背景、不同的设计素材和不同的任务诉求，使产品设计只有因时制宜地寻求创新才能满足时代的需求。

完善的学科都会呈现系统化的趋势，系统具有稳定性和规律性，能稳定、高效地指导实践工作的进行。靠天马行空般想象的传统创新方式已不足以满足快速变化的世界对创新的渴求，所以创新同样需要方法论和系统理论的指导。创新拥有自己的方法论和体系，也正在为设计服务。接下来，作者将着重介绍可以服务于产品创新设计的创新思维和创新方法，只有很好地掌握并运用系统的方法，设计师才能更有方向、更准确地创新并带来改变世界的设计。

第二节　产品创新设计思维

一、创新设计思维的界定

创造性思维是指在客观需要的推动下，以存储信息和新获得的信息为基础，克服思维定式，综合运用各种思维形式，通过分析、综合、比较、抽象，选出解决问题的最优方案；或者是系统化地综合信息，创造出新方法、新概念、新观点、新思想，从而促使认识或实践取得重大进展的思维活动。设计思维，是以问题为导向，对设计领域出现的问题进行搜集、调查、分析，并最终得出解决方案的方法和过程。设计思维有综合处理问题的能力，可提供发现问题和分析问题的方法，最终给出新的解决方式。

设计是一种创造性的活动，创新是设计存在的基础和本质的必然要求。设计的属性决定了对创造性思维先天性的依赖，创造性思维贯穿了设计的核心过程。当创造性思维具体体现在设计思维上时，由于创新的属性和最终诉求，我们可以将其称为创新设计思维。创新设计思维致力于运用创造性的思维思考设计问题，进而提供全新的解决方案。

二、创新设计思维的形式

创新设计思维是思考设计问题、解决设计问题的方式。回到思维层面，创新设计思维是创造性思维在设计上的延伸和具体化，为了更好地运用创新设计思维，我们有必要学习创造性思维的具体形式。

创造性思维的形式中，典型的有发散思维与收敛思维、横向思维与纵向思维、正向思维与逆向思维、直觉思维与灵感思维、联想思维等。下面从特征、方法以及事例三个方面来介绍几种主要的思维形式。

（一）发散思维与收敛思维

1.发散思维

发散思维又称放射思维、扩散思维，是指大脑在思考时呈现出的一种扩散状态的思维模式。如图 4-2-1 所示，为发散思维示意图。发散思维追求思维拓展的广阔性和发散性，不受现有知识和传统观念的束缚，思维从基点沿着不同方向多角度、多层次地思考和探索。著名的创造学家吉尔福特曾说过："正是在发散思维中，我们看到了创意思维最明显的标志"。[①]

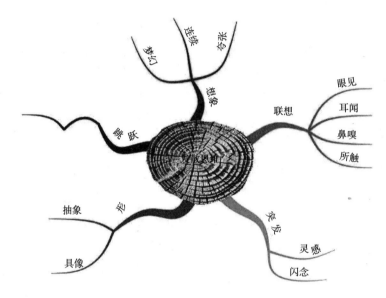

图 4-2-1　发散思维示意图

（1）发散思维的特征

①流畅性

是指思维的自由发挥。流畅性要求在尽可能短的时间内完成并表达出尽可能多的观念或想法，以及快速地适应、消化新的思想观念。流畅性反映了发散思维在速度和数量方面的特征。

①　张宇红.产品系统设计［M］.北京：人民邮电出版社，2014.

②变通性

反映了思维的灵活度。变通性要求人们克服头脑中固有的思维模式，按照某一种或多种新的方向来思索问题。变通性需要借助于横向类比、跨域转化、触类旁通，使思维沿着多方面和多方向扩散，可表现出多样性和多面性。

③独特性

发散思维的独特性，要求人们在发散思维中做出异于他人的新奇反应。独特性反映了发散思维的本质，并且是发散思维的最高目标。

感情色彩在一定程度上可以提高发散思维的速度与效果。

（2）发散思维的方法

①用途发散

以一个物品为扩散点，尽可能多地列举它的用途的方法。

②功能发散

以一种功能为发散点，设想出获得该功能的各种可能性方法。

③结构发散

以某个事物的结构为发散点，尽可能多地设想出有该结构的各种可能性方法。

④因果发散

以某个事物发展结果为发散点，推测造成该结果的各种原因，或者以某个事物发展的起因为发散点，推测可能发生的各种结果的方法。

（3）发散思维事例——微型电冰箱

很长时期，电冰箱市场一直被美国垄断，这种高度成熟的产品竞争激烈，利润率很低，美国的厂商显得束手无策，而日本却异军突起，发明创造了微型电冰箱。人们发现它除了可以在办公室使用，还可以安装在野营车、娱乐车上，外出旅游，非常舒适。微型电冰箱改变了部分人的生活方式，也改变了它进入市场初期默默无闻的命运。微型电冰箱与家用冰箱在工作原理上没有区别，差别只是产品所处的环境不同。日本把冰箱的使用方向进行思维发散，由家庭转换到了办公室、汽车、旅游等其他侧翼方向，有意识地改变了产品的使用环境，引导和开发了人们潜在的消费需求，从而达到了创造需求、开发新市场的目的。

2. 收敛思维

（1）收敛思维的特征

①封闭性

发散思维的过程是以问题为中心向四面八方发散，而收敛思维则是将发散之后的结果汇集起来。如果说发散思维的思考是多方向性、开放性的，那么收敛思维的思考则是集中的、封闭的。

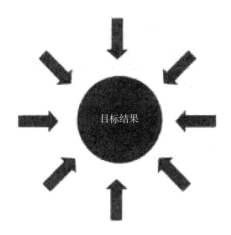

图 4-2-2　收敛思维示意图

②连续性

在进行发散思维的过程中，不同想法之间可以没有任何联系。发散思维是一种跳跃式的思维方式，有间断性；收敛思维则不同，必须环环相扣，有较强的连续性。

③求实性

发散思维作为前期阶段发散式的设想，追求设想的数量，但是多数都是不成熟的。也正因为如此，我们需要利用收敛思维对发散思维的结果进行筛选，筛选出来的一般是切实可行的。所以，收敛思维带有很强的求实性。

④聚焦性

收敛思维要围绕一个问题进行深入，有时会停顿下来，对原有的思维进行浓缩、聚拢，加深思维的纵向深度；在解决的问题上，明确特定的方向，从而更深层次、更本质地去解决问题。

（2）收敛思维的方法

①目标识别法

此方法要求首先确定目标，认真观察，然后做出判断，找出其中的关键，围绕目标定向思维。

②层层剥笋法

这种方法是在思考问题时，最初认识的只是问题的表面，随着认识的深入，逐渐抛弃非本质的、繁杂的特征，以求揭示出表面现象背后深层本质的方法。

③聚焦法

指人们思考问题时，将前后思维领域进行浓缩和聚拢，以便有效地审视和判断某一问题的信息的方法。

发散思维是思维从一个中心点出发向四周发散，努力寻找更多的解决方案。收敛思维是将众多的现象和线索集中向着问题的方向思考，就是说要将思维指向问题中心，以获得准确解决问题的方法。在解决问题的具体操作上，发散思维进行广泛搜集，收敛思维对发散结果进行加工处理。无发散则无收敛,而无收敛,发散也毫无意义。两者相辅相成,共同协作,完成创新过程。

(3)收敛思维事例——洗衣机

收敛思维是在发散思维基础上的集中,是发散思维后的深化。比如就洗衣机的发明来说,首先围绕"洗"这个关键问题,设计师通过发散思维列出各种各样的洗涤方法,如洗衣板搓洗、用刷子刷洗、用棒槌敲打、在河中漂洗、用流水冲洗、用脚踩洗等。然后再进行收敛思维,对各种洗涤方法进行分析和综合,充分吸收各种方法的优点,结合现有的技术条件,制定出设计方案,然后再不断改进,结果成功发明了洗衣机。

(二)横向思维与纵向思维

1. 横向思维

横向思维是一种共时性的横断性思维,具体是指思维有横向发展,即宽度上发展的特点。横向思维的过程中,可以通过截取历史上的某一横断面,研究一个事物在不同环境下的发展状况,并将其与周围事物进行比较,从而得出事物在不同环境中的不同特点,以便深刻地了解事物。

横向思维善于从多个角度去了解和认识事物,强调更加宽广的视野,在创造活动中起着重要的作用。如图4-2-3所示,是横向思维示意图。

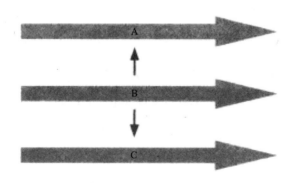

图 4-2-3 横向思维示意图

（1）横向思维的特征

横向思维具有共时性、横断性和开放性的特点。

（2）横向思维的方法

①对问题本身要产生多种设想方案（类似于发散思维）。

②打破思维定式，提出富有挑战性的假设。

③对头脑中冒出的新主意不要急着做是非判断。

④反向思考，用已建立的模式完全相反的方式思维，以产生新的思想。

⑤对他人的建议持开放态度，使不同思考者的想法形成交叉刺激。

⑥扩大接触面，寻求随机信息刺激（如到图书馆随便找本书翻翻，从事一些非专业工作等），以获得有益的联想和启发。

（3）横向思维实例——日本圆珠笔

为了解决圆珠笔漏油问题，专家们没少动脑筋，研究油墨配方的改进，又研究钢珠与钢圆管的硬度，可是均未获得效果。正当这项研究毫无进展的时候，日本有一个小企业主，想出了一个办法：将原笔芯里装的够写2万字的油墨，改为装只能写1万字的，这样圆珠笔芯漏油的问题迎刃而解。纵向思维需要步步正确，但横向思维可能绕个弯，甚至是逆向而行，可以有效地解决棘手的问题。

2. 纵向思维

纵向思维是一种历时性的思维方式，它主要从事物自身出发，通过了解事物的过去和现在，发现事物在不同时期的特点和前后关系，从而抓住事物的本质。纵向思维被广泛应用于科学和实践领域中，事物发展过程是纵向思维的基础。每个事物都必须经过萌芽、成长、发展再到最后消亡的过程。纵向思维通过分析和研究事物发展的过程，可以得出事物发展的规律。如图 4-2-4 所示，是纵向思维示意图。

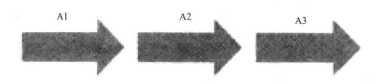

图 4-2-4　纵向思维示意图

（1）纵向思维的特征

①贯穿性

纵向思维是由轴线贯穿的思维进程。在纵向思维的过程中，我们会抓住事物的特征，并进行比较和分析。每个事物自身发展演变过程的背后，始终有一条本质的轴线贯穿其中，时间轴是最为常见的一种，比如人类发展的历史就是靠时间串联起来。在一些专项研究中，轴的概念比较丰富，比如设计创新中不同材料的概念表现，这里材料轴就是贯穿始终的一条轴。

②阶段性和递进性

纵向思维需要考察事物不同发展阶段的特征，这注定了纵向思维有阶段性的特征。不同阶段之间相互连接和关联，又形成了一定的递进性。

③稳定性

进行纵向思维，需要在设定的条件下进入一种沉浸式的思考，思路要清晰、连续、不受干扰。在一定程度上也要求进行纵向思维的人要集中精神、稳定情绪，因而纵向思维需要良好的稳定性。

（2）纵向思维的方法

①向下挖掘

指对当前某一层次的某个关键要素按照新的方向、新的角度、新的观点进行分析和综合，发现与这个关键因素有关的新属性，从而找到新的联系和观点的方法。

②向上挖掘

是指对当前某一层次的若干现象的已知属性，按照新的方向、新的角度、新的观点进行新的抽象和概括，从而挖掘出与这些现象有关的新因素的方法。

横向思维倾向于分析事物存在的环境，纵向思维侧重于分析事物自身发展的特征和规律。想要完整地分析事物必须有内有外，二者缺一不可。

③纵向思维实例——材料的创新运用

在产品设计中，从材料本身的特性出发，运用一些新的材料和新的工艺达到创新产品作用的方法就是一种纵向思维的方法。有时新材料或工艺的运用能产生新的视觉效果和更好的性能。德国肖特赛兰微晶玻璃有纵向传热，横向不传热的特性，设计师将其应用于制造电磁炉。在使用过程中，面板的温度并不高，减少了辐射和无效的能耗，使热效率高达 85%。此外，其所具有的环保、便于清洁、安全、使用寿命长、自由的外形等众多优点，使之成为高档、时尚的象征。

（三）正向思维与逆向思维

1. 正向思维

思维有方向性。正向思维也叫作垂线思维，是指人们在创新性思维活动中，按照常规思路去分析问题，遵循事物发展的自然过程，以事物本身的常见特征和一般趋势为标准的思维方式，是一种从已知到未知，从过去到未来以揭示事物本质的思维方式。正向思维时间轴与时间方向一致。随着时间进行，符合事物发展的自然过程和人类认识的过程，能发掘符合正态分布规律的新事物及其本质后对生活中的常规问题，正向思维有较高的效率和较好的处理效果。

（1）正向思维的特征

①积极性

正向思维使大脑处于激活状态，可调动身体各个系统和各个器官有效地朝指令方向运动，挖掘创造力。

②开放性

正向思维可以让人以开放的心态来看待问题，以一种开放的姿态来对待事物发展的每一个过程，能让人更加全面深入地了解问题的本质。

③导向性

正向思维能让人通过对事物的自然发展过程的深刻探究，发现和认识新事物及其本质，正向思维有较高的效率，对问题的最终解决有正面的导向作用。

（2）正向思维的方法

①缺点列举法

是指在解决问题的过程中将思考对象的缺点一一列举出来，针对发现的缺点进行改进，从而解决问题的方法。

②属性列举法

是指将事物分为若干单独的个体，各个击破，将对象的特性分解，从而找到改进途径的方法。

（3）正向思维实例——掌上电脑

创新通常是科学技术上的创新带来产品的创新，一个产品从诞生到完善同样也是漫长的过程，每一次完善都是一次巨大的创新和飞跃。计算机把我们从工业时代带入了信息时代，也给人类的生活和工作方式带来了极大的便利。1946年，世界上第一台计算机ENIAC诞生在美国宾夕法尼亚大学，体积庞大，耗电量巨大且操作不便利，但是在当时是非常神奇的。随着技术的进步，计算机的功能日益强大，运行速度逐渐加快，形态更加小巧，发展到世界上最小的掌上电脑，这是一次巨大的创新。这种随着技术的不断发展而实现产品的创新和进步的思维方式就是一种正向思维。

2. 逆向思维

（1）逆向思维的特征

①普遍性

逆向性思维在不同领域都有适用性。由于对立统一的规律是普遍适用的，而对立统一的形式却是多种多样的，有一种对立统一的形式，相应地就会有一种逆向思维的角度。所以，逆向思维也有多种多样的形式。但不论哪种方式，只要是从一个方面到与之对立的另一方面的思维推导方式，都是逆向思维。

②批判性

逆向与正向是相比较而言的。正向思维是常规的、公认的或习惯性的想法与做法。逆向思维则相反，是对传统、惯例、常识的反叛，是思维的挑战。逆向思维能克服思维定式，打破由经验和习惯造成的僵化思维模式。

③新颖性

运用循规蹈矩的思维方式解决问题虽然简单，但是容易使思路刻板、僵化，摆脱不掉常规思维的束缚，得到的答案也是没有新意的，经验虽然能让我们解决问题更加高效，但是固有的经验也能让人们忽视自己不熟悉的那一面。逆向思维能克服这一障碍，能让使用者得出出人意料的、不同的解决方案。

（2）逆向思维的方法

①反转型逆向思维法

是指从已知事物的相反方向进行思考，产生发明构思途径的方法。

②转换型逆向思维法

是指在研究问题时，当这一解决问题的手段受阻时，转换成另外一种手段或转换思考角度，使问题得以顺利解决的方法。

③缺点逆向思维法

是一种利用事物的缺点，化被动为主动，化不利为有利的方法。

（3）逆向思维事例——无烟煎鱼锅

有一位家庭主妇在煎鱼时，对鱼总是会粘到锅上而感到很恼火，煎好的鱼常常是散开的，不成片。有一天，她在煎鱼时突然产生了一个想法，不在锅的下面加热，而在锅的上面加热。经过多次尝试，她想到了在锅盖里安装电炉丝从上面加热的方法，最终制成了令人满意的煎鱼不粘锅。现在市场上出售的无烟煎鱼锅就是把原有煎鱼锅的热源由锅的下面安装到锅的上面。这是利用逆向思维，对产品进行反转型思考的产物。

（四）直觉思维与灵感思维

1. 直觉思维

直觉思维是指对一个问题未经深入分析，仅凭对少量本质性现象的感知就能迅速地对问题答案做出一定判断和猜想。对未来事物的结果有某种预感或预言属于直觉思维。直觉思维本身是一种心理现象，不仅在创造性思维活动中起着关键性的作用，还是人类生命活动、延缓衰老的重要保证。直觉思维是可以通过有意识的训练而加以培养的。直觉思维和逻辑思维同等重要。人的思维方式偏离任何一方都会制约一个人思维能力的发展。伊思·斯图尔特曾经说过："数学的全部力量就在于直觉和严格性巧妙地结合在一起，受控制的精神和富有美感的逻辑正是数学的魅力所在，也是数学教育者努力的方向"。[①]

---

① 张宇红.产品系统设计［M］.北京：人民邮电出版社，2014.

（1）直觉思维的特征

直觉思维有自发性、灵活性、快速性、偶然性和不可靠性等特点。从培养直觉思维的角度来看，直觉思维有简约性、创造性和自信力三个主要特点：

①简约性

直觉思维是对思维对象从整体角度上的敏锐回答；它不需要经过一步步的分析和考量，需要的是对自己已有经验的一种调动，实质上却是一种长期积累后的升华。直觉思维是一瞬间的思维火花，是一种跳跃式的思考方式，是思考者的灵感和顿悟，是思维过程的高度简化，它能轻松地触及事物的本质。

②创造性

伊恩·斯图加特说："直觉是真正的数学家赖以生存的东西"。[①] 许多重大创造性的发现都是基于直觉。欧几里得几何学的五个公设是基于直觉，从而建立了欧几里得几何学这栋辉煌的大厦；哈密顿在散步时，头脑中迸发出构造四元素的火花；阿基米德在浴室里找到了辨别王冠真假的办法；凯库勒发现苯分子环状结构也是一个直觉思维的成功典范。

③自信力

直觉思维是在有限的条件下，对问题解决方案的大胆预测和猜想——这种预测和猜想很可能是在证据不完备的情况下提出来的，但是这种假说很可能是问题的最佳解决方案，因此需要思维者拥有足够的自信。只有相信自己的能力、相信自己的判断、对猜想充满信心，预测和猜想才有机会去得到验证。因此，直觉思维要求思维者必须有自信，这是直觉思维者必备的心理条件。

---

① 转引自张宇红. 产品系统设计［M］. 北京：人民邮电出版社，2014.

（2）直觉思维的方法

①知识经验法

这种被称为第六感的直觉思维多是依赖于自己的知识和生活经验而出现的，广博的知识和丰富的生活经验是强化直觉的基础。

②精简法

是指要对信息进行去粗取精、对问题进行归纳简化处理的方法。

③"薄片撷取"法

是指在潜意识很短的时间内，凭借少许经验切片，收集必要的信息，从而做出内涵复杂的判断的方法。

（3）直觉思维事例——暖气余热集热器

在北方，冬天热热的暖气总会有一些其他的用途。我们会不自觉地将一些可被加热的东西放于暖气片上加热。暖气余热集热器就是这样一个设计，它将北方居民常见的铸铁暖气片与加热板的概念组合起来，整体采用导热陶瓷材料，中空而在下部设有能卡在暖气片上的凹槽，这样的结构不但能保证稳定性，还能将热量源源不断地传输到上部的加热板上，可以用来给茶水或食品保温，在冬季非常实用。这样的例子比比皆是，均是巧妙地运用了直觉思维的方法。

2. 灵感思维

（1）灵感思维的特征

灵感思维通常是在无意识的情况下产生的，它与形象思维和抽象思维相比，有突发性、偶然性和模糊性等特征。

①突发性

灵感往往出现在出其不意的刹那间，使长期得不到解决的问题突然找到答案。在时间上，它不期而至，突如其来；在效果上，它出其不意，意想不到。突发性是灵感思维突出的特征。

②偶然性

灵感在什么时间出现、在什么地点出现，或在哪种条件下出现，都难以预测并且带有很大的偶然性，往往给人以"有心栽花花不开，无意插柳柳成荫"之感。

③模糊性

灵感的产生往往是一闪而过，稍纵即逝。它产生的新观点、新设想或新结论会让人感到模糊不清。如果要达到精确，还必须加入形象思维和抽象思维的辅佐。灵感思维的模糊性，从根本上说是源自它的无意识性。形象思维、抽象思维都需要在有意识的条件下进行，而灵感思维却是在无意识中进行的，这是灵感思维与形象思维、抽象思维的根本区别所在。

（2）灵感思维的方法

①久思而至法

指思维主体在长期思考没有成果的情况下，暂将问题搁置转而进行无关的活动，在这种"不思考"的过程中无意中找到答案的方法。

②自由联想法

是指放弃僵化、保守的思维习惯，围绕问题，依照一定的随机程序对大量信息进行自由组合和任意拼接的方法。

③急中生智法

是指情急之中做出判断的方法。

④豁然开朗法

是指依赖外界的思想点化，比如语言表达上的明示或暗喻，来寻求问题解决方案的方法。

（3）灵感思维事例——世界气象组织馆

上海世博会的建筑场馆中的世界气象组织馆被誉为"云中水滴"，它的设计师最初的设计灵感就是从中国气象局的标记一朵云开始的，以"云"

为构想，将四个大小各异、方向不同的白色扁圆球体相结合，采用钢结构和膜结构材料建筑而成，外层的膜结构可以起到降温、节能、环保的作用。

同样，宝马汽车的大灯设计是从鹰的眼睛得来的灵感，体现了宝马品牌凛然不可侵犯的王者风范。从风马牛不相及的东西中找到灵感，可以帮助设计师突破习惯思维的束缚，获得更新颖的设计。

（五）联想思维

（1）联想思维的特征

联想思维有连续性、形象性和概括性等特征。

（2）联想思维的方法

①相关联想

是指根据事物所处的时间、空间，或是事物本身的形态、构造、功能、性质或作用而产生另一种事物的类同或近似的联想。

②相似联想

是根据事物的相似性进行的联想。相似性是指一个事物与另外一个事物在形式或性质上存在相同或是相似处。

③对比联想

是根据不同事物间存在完全对立或某种差异而引起联想的方法，也是通过不同事物之间的比较和分析，从因到果或是从果到因的方法。

（3）联想思维事例

苏联卫国战争期间，列宁格勒遭到德军的包围，经常受到敌机的轰炸。在这紧急关头，苏军尹凡诺夫将军在一次视察战地时，看见有几只蝴蝶在花丛中时隐时现，令人眼花缭乱。这位将军随即产生联想，并请来昆虫学家施万维奇，让他设计出一套蝴蝶式防空迷彩伪装方案。施万维奇参照蝴蝶翅膀花纹的色彩和构图，结合防护、变形和仿照三种伪装方法，将活动的军事目标涂抹成与地形相似的巨大多色斑点，并且在遮障上印染了与背景相似的彩色图案。这样，苏军数百个军事目标披上了神奇的"隐身衣"，大大降低了重要目标的损伤率，有效地防止了德军飞机的轰炸。

创新设计中不仅要将发散思维与收敛思维相结合，同时还要发挥横向思维、纵向思维、正向思维、逆向思维的共同作用。要结合具体实际情况，综合利用合适的思维方法完成一个综合性的实际问题。

第三节 产品创新设计技巧

黑格尔曾说：方法是任何事物都不能抗拒的、至高的、无限的力量。笛卡尔则认为，最有价值的知识莫过于关于方法的知识。中国有古语："授人以鱼，不如授人以渔。"由此可见方法的重要作用。

创新设计技巧是在人们长期实践的基础上总结提出的，是用于辅助人们进行设计创新活动的手段和策略，是有效的、成熟创新方法的总结性表达。创新思维方法是创新设计技巧发展的源头。创新思维方法有广义和狭义之分。广义上讲，创新思维方法是指创新过程中运用的一切思维方法，包括逻辑性思维方法和非逻辑性思维方法；狭义上讲，创新思维方法是指创新过程中产生新颖独特的思路、创新的设想时所运用的思维方法，

作者认为，创新设计方法已不仅仅是概念设想时的思维活动。创新设计是一个系统的创造性活动，整个设计系统的流程都需要创新设计方法的创造性成果。

一、基于理解产品与用户的创新技巧

（一）特征描述

特征描述为了解目标个体的行为、习惯和个性特点提供了有效的方法，是一种非常重要的调研方法。特征描述的目的是通过收集各种与用户相关的细节信息来帮助设计师理解用户，并作为重要的设计来源和参考具体操作：搜集与目标人群息息相关的生活物品，让设计师通过相关物品去理解和分析目标人群的行为特点和群体性特征。

目标用户在选择产品时，选择的因素很难确定，因此设计师在收集相

关物品之后，要对这些物品进行细致的分析，发现物品之间的联系，找出目标用户的兴趣点，如样式、品质、材质、颜色、功能等因素。搜集到的相关物品及所作的分析可以存档保留，甚至可以创建一本用于代表目标人群的视觉画册，以便为随后的设计提供参考。

（二）角色扮演

角色扮演是一种以表演的方式洞察概念的方法，能引起设计师与用户之间身体和心理上的共鸣。

角色扮演包括心理角色扮演和身体角色扮演。心理角色扮演只需由扮演者在脑海中将情节扮演来完成。心理角色扮演是随时随地都可以实施的。身体角色扮演是一种现实的行为互动，通过在一个真实的特定场景中，扮演者利用自身的阅历和经验，尽可能模拟目标角色的性格和特征。在现实中，任何事物都可以作为虚拟的替代品。

习惯使人们对一些现象"习以为常"，我们很少去察觉这些习惯。而角色扮演作为理解用户的一种手段和方法，人们在对其进行运用的过程中通常能发现很多重要的问题。大多时候设计问题就隐藏在习惯的背后，角色扮演能放大存在的问题，帮助设计师发现设计点。角色扮演是一种简单有效但又不同寻常发现问题的方法，能以再现展示的方式促进设计者对全局问题的切实理解。

二、基于激发集体智慧的创新方法

（一）头脑风暴法

头脑风暴法出自"头脑风暴"一词。头脑风暴一词最早是精神病理学上的用语，指的是精神病患者毫无约束的言语与行为的表现。头脑风暴法是由美国创造学家奥斯本于1939年提出、1953年正式发表的用于激发创造性思维的方法。头脑风暴法又称 BS 法、自由思考法，核心在于自由的联想，通常是指通过小组会议的形式，针对特定问题进行广泛讨论和深入挖掘，提倡自由发表建议和想法，形成彼此激发、相互诱导、激发群体智慧和创造力、最终产生无限创意的创新技法。

头脑风暴法经过多年的发展，已经产生了很多变形的技法。著名的有"克里士多夫智暴法"或称"卡片法"，是指让参与者在数张卡片上轮流写下自己的设想。鲁尔巴赫的"635"法，即 6 个人，每人每次写 3 个设想，每 5 分钟交换一次。还有"反头脑风暴法"，即专门对他人的设想进行找毛病、评判、挑剔、责难等，以期达到不断完善的目的。

为了保证头脑风暴的顺利进行，并且得到可靠的结果，在进行头脑风暴的过程中，我们一定遵循一些技术操作上的原则。首先，是自由思考。要有清晰的主题和目标，头脑风暴法要求参与者尽可能发散思维、无拘无束、畅所欲言，不必考虑自己的想法是否可行，想说什么说什么。过程进行中应努力营造和谐自由的气氛，以实现集体智慧的激烈碰撞，并完整记录信息。其次，是延迟评判。参与者在会上不要过早地对他人的设想进行评判，因为过早地进行评判和结论，就会扼杀许多新的概念和想法。需要让每个人都不受限制，尽量克服大脑的禁区，充分发掘创造力。再次，是以量求质。头脑风暴过程中提出的设想、观点越多越好，只有达到一定的数量，我们才能在众多的点子当中筛选出最佳方案，以便之后进行深化，头脑风暴追求以大量的设想来保证质量的提高。最后，是综合完善。综合完善的原则是鼓励参与者积极进行智力互补，可以在他人的设想基础上加以完善和改进，而头脑风暴的目的就是集结团体智慧的力量来产生更好的设想。

（二）视觉风暴

在头脑风暴的过程中，人们可以通过使用各种简略的草图来表现或是阐释想法和概念，这种方法就叫视觉风暴。视觉风暴是通过简略的图标式草图来记录和交流想法的一种方式。

将头脑风暴与视觉风暴结合起来使用，会起到事半功倍的效果。在设计深化的过程中，早期的概念发散往往起着指挥官的作用。而视觉风暴中，那些迸发灵感的简略草图是使概念深入的强大动力。在前期构思阶段，不要纠结于概念的细节和草图是否太过粗糙，这样反而会阻碍思维的进程和思维发散的效果，让好的创意溜走。太过严谨的草图可能会降低头脑风暴的效率，不利于想象力的发挥。

三、基于开阔、发散思维的创新方法

（一）特性列举法

特性列举法或称属性列举法，它是 20 世纪 30 年代初由美国内布拉斯加大学的教授 R. 克劳福特创立的一类创新方法。它是一种化整为零的创意方法，是通过将目标对象的特性分解，经过详细分析从而找到解决问题的途径的方法。通常分解得越细致，着手解决的问题越小，越容易成功。特性列举法有很多种，主要包括名词特性、形容词特性、动词特性以及类比方式等。

名词特性。名称可以是整体的，也可以是作为部分的结构的名称，还可以是制造时所用材料的名称以及制造方法等。

形容词特性。一般是用来描述事物性质的形容词，如一件物品形态、颜色、材质等。

动词特性。主要是用来描述功能和作用的动词，如该物品是用来做什么的，操作程序都包括哪些等。

类比方式。类比可分为很多种，如直接类比、亲身类比、对称类比、幻想类比、因果类比等。不同类比方式得出的结果也是不一样的。

例如，要改革可以烧水的水壶，把其按名词、形容词、动词特性进行列举。

（1）名词特性列举

整体：水壶。

部分：壶嘴、壶盖、壶身、壶底。

气孔材料：铝、铁皮、钢精、铜皮、搪瓷等。

制造方法：冲压、焊接。

（2）形容词特性列举

颜色：黄色、白色、灰色。

重量：轻、重。

形状：方、圆、椭圆、大小、高低等。

（3）动词特性列举

装水、烧水、倒水、保温等。

将这些特性分别进行研究，只要革新其中一个或几个部分，就可以使水壶整体性能得到改变。

（二）缺点列举法

缺点列举法是由美国通用电气公司提出的。该方法要求用批判的眼光，抱着怀疑的态度去重新审视现有产品所存在的缺点，可以从产品的特性、结构、功能及使用方式等方面入手，从中找出缺点并寻求解决问题的方法。缺点列举法的适用范围很广，因为任何事物都不是十全十美的，都或多或少的存在缺点。当这个缺点解决后，可能会出现新的缺点，因此缺点列举法可能要始终贯穿于整个构思与设计中。

例如，对长柄弯把雨伞的缺点进行列举：

伞过长，不便于携带。

弯把手不安全，在拥挤的地方可能会钩到别人的口袋。

伞尖容易伤人。

伞的收与合不够便捷。

下雨天匆忙行走，伞面遮挡视线，容易发生事故。

伞用过后，进入室内，但伞面过湿，不方便放置。

大风天气，撑伞困难，伞面容易翻折。

两个人撑伞时，常常会淋到雨。

骑自行车同时打伞，不安全。

当手里拿有很多东西时，打伞不方便等。

（三）希望点列举法

希望点列举法是由克劳福特发明的一种创新方法，是指从人们的意愿和希望出发，通过列举希望新的事物可能有的属性来寻找新发明目标的一种更为积极和主动的创新方法。设计师运用希望点列举法可以激发并收集人们的希望，经仔细研究人们的希望，并形成"希望点"；然后以"希望点"为依据，以期创造出符合"希望点"的产品。

希望是由人们想象得出的。思维的主动性强、自由度大，因此希望点列举法对参与者的创造性思维挖掘得更加深刻。运用希望点列举法时需要打破常规思维，获得更多的想法，但最终要回归到设计的可存在性上。当由希望点产生的创造目标与人们的需要相符时，产品会更能适应市场。对于希望点列举法得到的不切实际的想法和方案，应当进行合理的评价，适当取舍。不可否认的是有些新奇的设想，即使当时的可存在性欠佳，但是可能会为我们提供努力的方向，这也是希望点列举法获取的宝贵信息。

（四）检核表法

检核表法是一种理性化的问题解决方法。运用这种方法时，要用一张一览表对需要解决的问题进行逐条校核，以探求自己所需问题的解决方案。

这种思考模式能从不同角度激发创造性的设想，有利于参与者突破心理障碍，使思考问题的角度更加具体和明确。

检核表法是在 1945 年被美国 G. 波拉提出。如今检核表法已经出现多种版本，其中著名的是亚历克斯·奥斯本检核表法，如表 4-3-1 所示。

表 4-3-1　奥斯本检核表

能否他用	1	有无新的用途?	2	是否有新的使用方法?
	3	可否改变现在的使用方法?		
能否借用	4	有无类似的东西?	5	利用类比能否产生新观念?
	6	过去有无类似的问题?	7	可否模仿?
	8	能否超过?		
能否放大	9	可否增加些什么?	10	可否附加些什么?
	11	可否增加使用时间?	12	可否增加频率?
	13	可否增加尺寸?	14	可否增加强度?
	15	可否提高性能?	16	可否增加新成分?
	17	可否加倍?	18	可否扩大若干倍?
	19	可否方法?	20	可否夸大?
能否缩小	21	可否减少些什么?	22	可否密集?
	23	可否压缩?	24	可否浓缩?
	25	可否聚合?	26	可否微型化?
	27	可否缩短?	28	可否变窄?
	29	可否去掉?	30	可否分割?
	31	可否减轻?	32	可否变成流线型?

	33	能否改变功能?	34	可否改变颜色?
能否变化	35	可否改变形状?	36	可否改变运动?
能否变化	37	可否改变气味?	38	可否改变音响?
	39	可否改变外形?	40	是否还有其他改变的可能性?
	41	可否代替?	42	用什么代替?
	43	还有什么别的排列?	44	还有什么别的成分?
能否代用	45	还有什么别的材料?	46	还有什么别的过程?
	47	还有什么别的能源?	48	还有什么别的颜色?
	49	还有什么别的音响?	50	还有什么别的照明?
	51	可否变换?	52	有无可互换的成分?
	53	可否变换模式?	54	可否变换布置顺序?
能否调整	55	可否变换操作工序?	56	可否变换因果关系?
	57	可否变换速度或频率?	58	可否变换工作规范?
	59	可否颠倒?	60	可否颠倒正负?
	61	可否颠倒正反?	62	可否头尾颠倒?
能否颠倒	63	可否上下颠倒?	64	可否颠倒位置?
	65	可否颠倒作用?		
	66	可否重新组合?	67	可否尝试混合?
	68	可否尝试合成?	69	可否尝试配合?
能否组合	70	可否尝试协调?	71	可否尝试配套?
	72	可否把物体组合?	73	可否把目的组合?
	74	可否把特性组合?	75	可否把观念组合?

奥斯本的检核表中共包括 75 个激励思维活动的问题，根据内容的相似性可以归纳为 9 组，具体如下：

（1）有无其他用途。

（2）能否借助其他领域模型的启发。

（3）能够扩大、附加或增加。

（4）能否缩小、去掉或减少。

（5）能否改变。

（6）能够替代。

（7）能否调整。

（8）能否颠倒。

（9）能否重组。

奥斯本检核表是经过总结大量近现代科学发现、发明和创造事例以及凭借奥斯本的经验编制的，有广泛的使用价值。

在使用奥斯本检核表法时，首先根据选定对象明确需要解决的问题；再根据解决的问题，参照列表中列出的问题，进行思维发散，强制性地——核对和讨论，并写出创新设想；最后对创新设想进行筛选，将有价值和创新性的设想筛选出来。

如表 4-3-2 所示，是利用检核表对手电筒进行创新设计研究。

表 4-3-2　利用检核表进行的手电筒创新设计研究

序号	检核项目	创新思路
1	能否改变	改一改：改灯罩、改小电珠和用彩色电珠等
2	能否增加	延长使用寿命：使用节电、降压开关
3	能否减少	缩小体积：1 号电池→2 号电池→5 号电池→7 号电池→8 号电池→纽扣电池
4	能否替代	代用：用发光二极管代替小电珠

续表

序号	检核项目	创新思路
5	能否他用	其他用途：信号灯、装饰灯
6	能否借用	增加功能：加大反光罩，增加灯泡亮度
7	能否颠倒	反过来想：不用干电池的手电筒、用磁电机发电
8	能否组合	与其他组合：带手电收音机、带手电的钟等
9	能否变换	换型号：两节电池直排、横排、改变式样

四、基于借鉴其他成果的创新方法

（一）移植法

移植法类似于模仿法，但又不是简单的模仿。移植法是将某个学科、领域成功的科学原理、技术、方法等，应用或渗透到其他学科、领域中，从而为解决某一问题提供启迪和帮助的创新思维方法。

移植法的精髓在于综合各学科的成果，择优为设计服务。材料移植是将一种材料转用到新的载体上，以产生新的成果；结构移植是将一种事物的结构形式或结构特征，部分地或整体地运用于另一种产品的设计上；功能移植是将一个事物的某项功能赋予到另一事物上，从而寻求解决问题的方案；原理移植是把某一学科、领域的科学原理应用于其他学科、领域中；技术移植是把某一学科、领域中的技术运用于解决其他学科、领域中的问题；方法移植是把某一学科、领域中的方法应用于解决其他学科、领域中的问题。

得益于丰富的人类文明成果，移植法拥有足够多的素材，这决定了移植法的多样性。上面提到的只是很微小的一部分。在实际的设计中，我们不应局限于一种移植法，由于问题的复杂性，我们需要综合运用各种移植法。综合移植法是将多个移植方法多层次地应用在一个物体上。综合移植法并不是简单的叠加，而是需要精心策划、综合协调。机器人就是综合移植的成果。

移植法能分解复杂的问题，进而各个击破，使复杂的问题变得简单。而且跨学科的运用往往能给设计带来意想不到的惊喜。

（二）组合法

组合法是将两种或两种以上的原理、技术、概念、方法、产品的一部分或全部适当地叠加组合，形成新原理、新技术、新概念、新方法、新产品的创新方法。正如自然界中碳原子可以以不同方式组成金刚石和石墨一样，产品经过不同形式的组合，也可以形成不同的产品。组合法在产品创新设计中起着重要的作用。用组合法进行设计能缩短开发时间、节约开发成本和降低开发风险，这对中小型企业来说至关重要。对设计师来说，组合法能提供丰富的设计素材，激发其设计灵感。

来自巴黎的设计师 Antoine Lesur 为 Oxyo 公司设计的多功能组合家具——MisterT，它体积虽小，却融合了矮桌、托盘、凳子、脚凳、坐垫、靠垫等众多功能。该产品不但在形式上实现了整体统一，而且在功能上实现了组合。

（三）专利专用法

专利专用法是利用已有的专利对其进行改进，以产生新的设计方案取得新专利的方法。对专利文献的利用是创新的一大捷径。

众多的专利必然蕴含了许多成功的因素，要学会从专利中寻找规律，专利是进行创新设想的一个资源。许多产品包含的专利技术不止一个，因此同时对多个专利加以分析和利用，总结专利结合的规律和发展趋势，从中发现发展的脉络和规律，必定会为之后的创新提供重要的参考价值。

五、其他创新方法概要

（一）情景描述法

情景描述法又称为"脚本法"，原来主要用于政治和军事研究方面的系统分析，如今也被用于对经济和科技的预测。情景描述法是从现在的状况出发，把将来发展的可能性用电影脚本的形式进行综合描述的一种方法。

（二）焦点法

焦点法是把要解决的对象作为焦点，把3～4个偶然对象的特征与焦点对象的特征进行强制组合的方法。我们可以通过特征组合引发新的设想，从而找到解决问题的办法。

（三）功能延伸法

产品通常是不止以一种使用方式被使用着，产品的实际使用功能已经超越了其本身的功能。比如说，灯柱除了支撑路灯的作用外，还有固定旗帜、张贴广告或海报、停靠自行车等功能，而这些功能并不是设计师的最初意图。可见，设计师应该细心观察生活，留心功能延伸。在某种程度上来说，功能延伸属于一种发散思维。

第四节　产品数字化设计及标准化

一、产品数字化设计发展趋势

（一）全球制造和协同制造成为企业战略发展的方向

从国外装备制造业数字化应用来看，一代产品伴随着一代协同研制平台及协同研制模式。以波音公司为例，从波音 777、新一代波音 737 飞机到波音 787 飞机的研制，协同研制平台从 DCAC/MRM 系统转变为 GCE 平台。新的并行协同研制过程建立了基于模型的完整的数字化产品定义，包括功能模型空间模型制造模型和维护模型，这些数字化产品定义模型被存放于 GCE 平台逻辑关联的单一产品数据源中。并协同设计团队从早期的设计—制造团队（Design Build Team，简称 DBT）发展到集成产品团队（Integrated Product Team，简称 IPT）以及最新的生命周期团队（Life Cycle Product Team，简称 LCPT）。这些发展不但体现了波音数字化技术能力的发展，而且还体现了波音战略的发展方向。而对空客公司来说，其全球制造和协同制造的发展则体现了空客公司去国家化的一体化战略过程，并形成了新的供应链和交付模型，由原来设计—制造模型（Built-to-Print Model，简称 BtP 模型）转变为与合作伙伴风险共担的集成商模式。

1. 波音 787 客机的协同研制

为了保证全球分布式波音 787 客机的研制工作顺利进行，波音公司在研制波音 777 和新一代波音 737 数字化技术的基础上，协同模式进一步发展，显示出不同阶段所使用的数字化并行协同的研制模式的发展状况。在研制波音 777 飞机过程中，波音公司组织了设计—制造团队，当时仅建立了产品的几何模型，实现了产品的物理集成；在研制新的一代波音 737 飞机过程中组织了集成产品团队，不仅建立了产品的几何模型，而且建立了产品的制造模型，实现了产品的物理集成和制造集成；在研制波音787飞机过程中组织了产品全生命周期团队，构建了完整的产品数字化定义，实现了产品全生命周期的集成。需要注意的是，在研制波音777和新一代波音737飞机过程中，波音公司组织的集成产品协同团队，是团队的全体人员在同一地点办公室进行产品的协同设计，所谓的"同地"协同。在研制波音787飞机过程中，该团队发展成产品全生命周期团队，其成员在全球协作环境（Global Collaboration Environment，简称GCE）平台虚拟环境中进行异地的产品协同设计，即所谓的"异地"协同。所以，产品的研制模式由"同地"并行协同发展成为"异地"并行协同。

GCE平台是波音公司在总结波音777和新一代波音737飞机的数字化研制技术基础上，为支持波音787飞机的研制，利用CATIA、DELMIA、ENOVIA、SMARTEAM组成的集成系统与建立的全球协同研制环境，如图4-4-1所示。波音公司把现有机型都在覆盖全球的数字化网络DCAC/MRM系统中进行管理，新研制的波音787客机在全新的GCE平台上进行，这一环境的详细组成及功能如图4-4-2所示。在GCE平台上，工作人员能基于全球的虚拟工作环境，在地理上跨越许多不同时区，并且能全年全天24小时地协同工作。

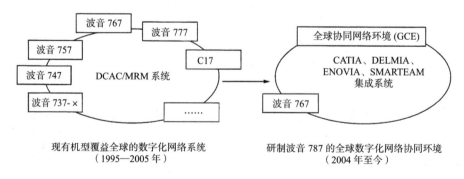

图4-4-1　波音的DCAC/MRM系统向GCE平台发展

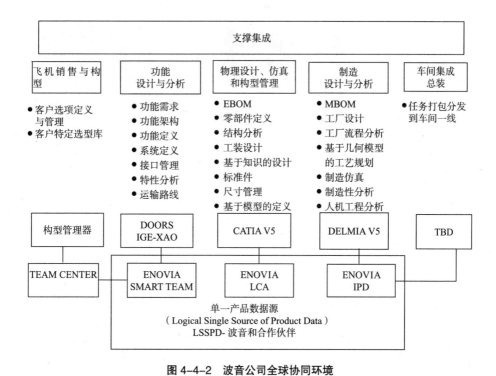

图 4-4-2　波音公司全球协同环境

　　波音公司形成了信息系统支撑的工程、制造、供应链和质量系统并行全价值流的过程。

　　2. 空客 A380/A350XWB 客机的研制

　　空客公司在 A380/A350XWB 客机的研制过程中，提出了新的供应链和交付模型，即从"设计—制造"模型转变为与风险共担合作伙伴的"集成"模型（Integrator Model）。设计—制造模型中体现了高度的垂直集成，空客公司承担了大部分的研发责任。而在"集成"模型中，空客公司作为飞机集成商，主要关注全机架构及结构、系统和客舱的需求，大部分零件由供应商研发，主要部件的数据源来自风险共担企业，空客公司称之为扩展企业（Extended Enterprise），如图 4-4-3 所示。

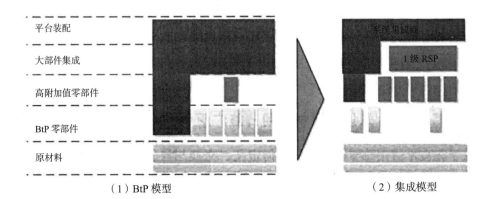

平台装配
大部件集成
高附加值零部件
BtP 零部件
原材料

系统集成商
1 级 RSP

（1）BtP 模型　　　　　　　　　　　　（2）集成模型

图 4-4-3　空客公司"供应链和交付"模型

在此过程中，空客公司的协同研制平台也朝着统一化方向发展，PDM 系统最终统一为 PDM Link SSCI，DMU 工具统一为 CATIA V5、VPM 及 DMU Server，而数字化产品定义系统统一为 CATIA V5。PLM 系统由 A380 的"4+1"架构（4 个国家公司架构 +1 个通用信息架构）、A400M 的"四叶草架构"（4 个相同的架构 +1 个通用信息架构）转变为 A350 的"统一架构"。通过该协同平台，空客公司及扩展型企业的设计人员可以方便地访问 A350 的数字样机，进而开展实时面向制造的并行设计。

（二）企业的业务模式与信息系统深度融合

企业数字化应用的另一个重要特点是业务与信息系统的深度融合。以波音公司的 GCE 协同平台为例，该平台已经能支撑波音公司工程、制造、供应链和质量系统的价值流过程，而数字化产品定义模式也从三维建模和数字化预装配（DPA）发展为基于模型的定义和制造。而在空客公司的协同研制平台上，将原来基于串行的产品研制模式（DNA）转变为并行的产品研制模式（DARE），如图 4-4-4 所示。

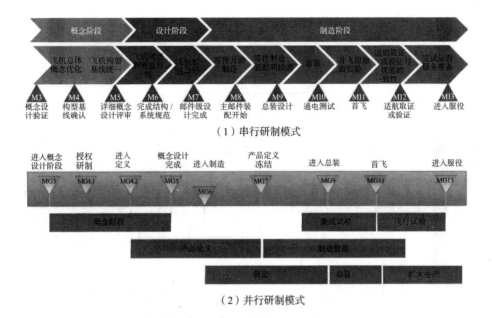

（1）串行研制模式

（2）并行研制模式

图4-4-4　空客公司研制模式的转变

（三）基于仿真／知识的研制应用日益广泛

数字化技术应用除了可以实现统一几何定义、交换与传递的功能，更加关注自顶向下的产品结构关联研制方法、基于知识工程的设计方法以及基于统一主模型的仿真分析方法，使之成为真正的产品研发平台，如 GE 公司航空发动机智能产品设计应用。2000 年，在美国国家标准化研究院（NIST）和先进技术计划（NIST-STP）的支持下，GE 公司联合 Engineous Software（iSIGHT 原厂商）、BFGoodrich、Parker Hannifin、俄亥俄航空学会以及俄亥俄和斯坦福大学等共同打造了全球领先的统一智能产品设计环境（Federated Intelligent Product Environment，简称 FIPER）。FIPER 广泛应用了 GE 公司的统一几何方法、关联模型环境（LME）以及自顶向下的产品控制结构 PCS（使用 UGWAVE 功能，如图 4-4-5 所示）等技术，并在此基础上扩展了知识工程系统（KBE），建立了智能主模型（Intelligent Master Model，简称 IMM）。

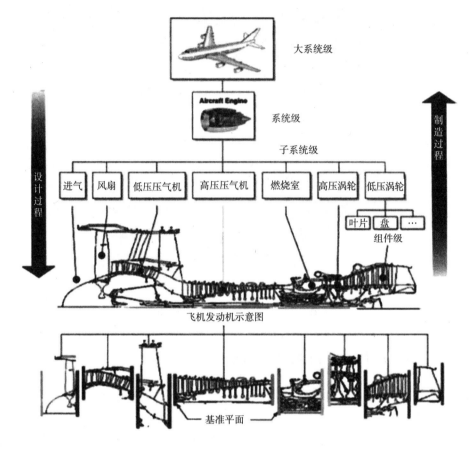

图 4-4-5　产品控制结构

  GE 公司统一几何建模方法面向产品概念设计、初步和详细设计、制造和保障等整个过程创建统一的几何表达，在概念阶段将知识与基于特征的参数化 CAD 模型融合（如图 4-4-6 所示），并将模型与工程分析关联形成 LME 和 PCS 的智能主模型。在该环境中，我们可以使用自顶向下的方法对系统需求进行分解并驱动设计。

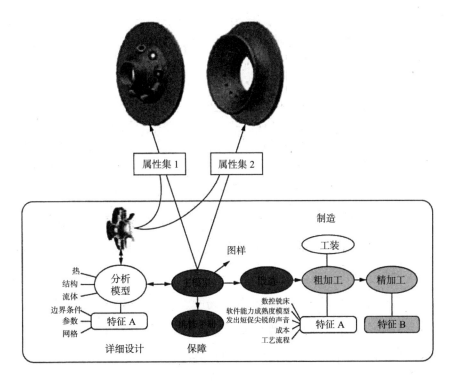

图 4-4-6　面向设计和制造的基于主模型的特征建模

GE 公司在某航空发动机母型机改型研发中，采用并行工程的技术，使研发周期缩短一半，节省了 50% 的研发成本，节省了 80% 的制造成本，工程师只利用原来 25% 的时间，就完成了 20 次详细的设计迭代。随后 GE 公司对研发流程持续改进，于 2004 年将研发周期从 24 个月降低到 18 个月。GE 公司将实施成果命名为新产品引进（New Product Introduction，简称 NPI）流程，将其作为发动机研发的核心技术之一。

GE 公司在发动机设计中主要采用了以下先进的数字化设计技术：

（1）发动机系统级设计——捕获和管理产品知识，自顶向下分解需求：客户的需求、发动机的需求、高压压气机需求、压气机机匣需求，将客户的需求与产品结构紧密关联。

（2）发动机初步设计模板依据输入参数，如推力、燃料类型、重量、要求的周期等建立发动机参数化主模型，将参数化主模型与多种具体应用或设计任务相关联，通过采用并行流程缩短研发周期。

（3）数字样机分析——以三维全特征的主模型为基础，进行热传导的分析、外部气体流动分析、发动机系统三维装配公差分析、三维应力/模态、发动机系统动力学分析、二维轴对称截面应力/模态分析等，所有分析数据进入试验数据管理（TDM），并支持设计验证和优化设计。

（4）协同设计——应用 Teamcenter 可视化和 Vis Mockup 模块进行远程设计协同、数字化装配、公差分析和干涉检查、多媒体电子文档发布、产品可维护性研究及维护手册生成、可视化浏览、支持市场活动等。

信息化系统的开发与部署涉及多场所、不同信息系统架构的集成等，因此协同平台体系架构、数据模型和流程模型的统一是平台开发和部署成功的关键因素，而这都需要预先进行标准规范。

（四）智能制造技术研究与应用发展迅猛

智能制造技术是指利用计算机模拟专家的分析、判断、推理、构思和决策等智能活动，并将这些智能活动与智能机器有机地融合起来，从而取代或延伸制造环境中专家的部分脑力劳动，极大地提高生产效率的先进制造技术。智能制造是信息技术、自动化技术与先进制造技术全面结合的产物，包含智能制造单元、智能制造系统和智能制造装备。智能制造已经成为美、欧、日等国的装备制造企业的重点发展目标，通过智能设备、智能机器人和智能制造技术的融合，这些企业已经实现了小型智能单元，正在向智能生产线和数字化工厂迈进。此外，智能制造也使得企业可以将嵌入式软件、无线连接以及在线服务等功能整合形成新的"智能"服务模式，促进制造业向制造服务业的转变。

MTU 航空发动机公司在慕尼黑的叶盘制造精益中心拥有世界最大的柔性整体叶盘生产线，该生产线基于最优化的、自动化的工艺工作流和最新的机械设备，采用智能控制进行实时自动控制，每个新部件都带有行程卡、射频识别芯片和唯一的定制编码。使用这种定制编码，结合生产过程中的固定设备、工装和计算机辅助程序，主计算机会计算生产车间中全部工作站点的工作负荷，部件通过主分配系统会被运送到所需要的机器处。该柔性生产线的核心是复杂构件适应性加工系统。自适应加工系统通过对加工过程中的信息进行处理和控制，协同控制数据测量（获取）、建模（处理）、匹配（传递／共享）、程序生成（利用）等信息，初步实现了智能化。该生产线的建立使得整体叶盘的年产量由 600 个提升至 3500 个。

2007 年，美国国家标准与技术研究院（NIST）主办的装配技术研讨会第一次提出了智能装配的概念。它侧重于如何开发和集成智能工具，如传感器、无线网络、机器人、智能控制等，以便解决今天产品种类变化的强烈需求和后续生产制造的复杂性问题。智能装配是一个生产工艺、人、设备和信息集成的概念，它使用虚拟和现实的方法来实现生产效率、交货时间和制造敏捷性的显著改善。智能装配远远超出传统的自动化和机械化范围，在工程和操作上挖掘人与机器有效协同作业潜力，集成了高技术的多学科团队，有自我集成和自适应装配处理的能力。智能装配系统为工厂开创了一种分析、建议和应对生产环境的新模式。其中，传感器起着关键性的作用。传感器将监控内每一个重要的操作参数，设置了控制限制，系统时刻评估装配状态，关注任何偏差的发生。智能装配系统可以调整和适应生产环境的变化，如投入零部件的变化，最大的好处就是系统健壮性，以确保系统质量和生产能力。智能装配基本单元虽然已经应用在一些生产制造系统中，然而还需要进行更多的系统顶层研究，实现机器和子系统协同工作。在智能装配中，一是加强虚拟能力＋实时能力，二是整合集成产品流程、工艺流程、信息流程三大流程，这些决定了智能装配的成败。

波音公司目前正在基于智能装配理念来实施网络化制造和操作（NEMO）创新计划。该计划的目标是将战场上最先进的技术，如"态势感知"技术引入飞机装配生产线中。智能工具和传感器是 NEMO 的第一层。目前，多项技术已经应用在波音 737 和波音 787 的装配流程中，如密封胶固化监控。另外，制孔和安装工具也已经配备了传感器，可以监测用户身份验证、设置信息、校准状态和互动进 / 退功能。

波音公司还将 NEMO 技术应用于一些军事项目，如检查 F/A-18 战斗机的线包。波音公司的工程师们还设想了一个广泛的系统，在不久的将来实现数字化设计工具和无线生产现场系统之间运动信息的自动化传输。将智能装配应用于这些过程，开发智能工具直接为操作者设定扭矩。未来，波音飞机的装配工作指令将直接投射到机翼或机身上，并将传感器嵌入在紧固件连接的工具中，指导装配工人作业。与此同时，投射到飞机上的激光图像会自动告诉工人零件的准确定位点或边界，数字电子测量和检验系统将监测传播装配过程中各个方面的在线信息。例如，传感器将不断监控紧固连接工具、点胶设备、工装、夹具和其他生产设备的性能状态。在未来 10 年内，波音公司计划扩大 NEMO 范围，将客户 / 供应商与工程师和装配工厂连接起来。

（五）装备制造业从面向产品研制向面向全寿命服务延伸

传统的装备制造技术主要面向产品形成的过程，随着信息技术、网络技术、控制技术的发展，装备制造技术的应用范围也在不断向装备产品全寿命周期扩展。目前，综合了信息、网络、控制等技术，数字化技术已经从点对点的服务发展到全供应链的运行模式，数字化技术已经深入设计、工艺、检测、装配、装备、维修、服务等装备制造过程的各个环节。

罗罗公司通过推行覆盖产品的制造与使用全过程的"TOTALCARE"计划，利用覆盖全球的网络技术，实时接收航空发动机的飞行数据，以进行健康诊断，实现视情维修，创建了出售发动机飞行小时的新模式，用户也从传统的"买产品"发展到"买服务"，该模式对全球航空发动机制造企业产生了巨大冲击。GE公司率先创建工业互联网平台，与多个互联网公司建立合作关系，并将产品作为数据采集交换的终端，通过智能机器的运营和数据服务，由传统制造业向数据和服务提供商转型。

波音公司提出"数字航空"的概念，集成地面保障、飞行数据、维修保障和工程数据以及乘客数据，形成数据共享系统，为航空公司提供运行管理服务，这包括飞机的健康管理（飞机实时远程监控提高航空公司效能）、飞行航线调整（自动建议无冲突的航线、监测风向、天气、交通和空中管控），如图4-4-7所示。

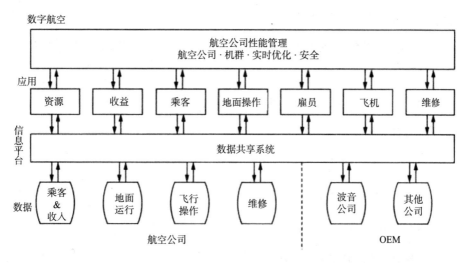

图4-4-7 波音数字航空信息系统架构

二、数字化标准体系

数字化标准是数字化标准体系的重要组成部分。数字化标准是保障信息共享和集成、达到科学高效管理的基础，是信息资源规划、整合与开发利用的重要前提，是信息化条件下实现业务工作规范化、推进业务持续改进和提升的必要保障。《关于加强中央企业信息化工作的指导意见》（国资发〔2007〕8号）文件中明确提出，"加强信息化技术标准和管理规范建设，保障信息集成共享和管理科学高效"。数字化标准体系（以下简称标准体系）是针对复杂产品研制过程中数字化技术的应用和信息系统建设、运行和管理而制定的标准体系，是指导数字化标准工作的纲领性文件，为信息化建设提供标准信息与技术依据。

（一）标准体系

标准体系是由一定范围内有内在联系的标准组成的科学有机整体，一般包含下列内容：

第一，按照"层次结构"由标准体系框架和标准明细表的图表形式构成。

第二，标准体系框架是由多个相互制约、相互作用、相互依赖和相互补充的分体系构成。

第三，标准明细表包括现有的、正在制定的和应予以制定的所有标准。

（二）数字化标准体系框架

1. 标准体系编制的原则

标准体系编制应遵循以下原则：

（1）系统、科学

建立结构清晰、层次分明的标准体系；形成各层次标准之间、各类别标准之间、相互补充、相互促进的一个有机整体。

（2）先进、完整

准确把握数字化技术以及标准体系的现状及发展趋势，建立先进、完整的标准体系，包括现有的、正在制定的和着手制定的标准。

（3）创新、实用

标准体系紧密结合当前信息化建设需求和应用趋势，突出数字化基础数据资源、信息安全、系统集成、数字化设计、数字化仿真与实验、数字化制造等关键应用环节的标准化，关注新技术新方法的实施应用，建立具有创新性和实用性的标准体系。

（4）动态、维护

数字化标准体系是异常庞大和复杂的工程，有变化快、更新快的特点，随着数字化技术发展和需求的变化，进行预见性的、不定期的动态完善、更新和扩充。

2. 标准体系框架

数字化标准体系框架是根据数字化发展规划和业务需求建立的可动态调整完善的标准架构。数字化标准体系顶层框架由信息化基础标准、信息技术标准、信息技术应用标准和信息化管理标准构成。

（三）数字化标准体系框架说明

1. 信息化基础标准

信息化基础标准是指规范信息化工作共性的、基础方面的标准，主要包括术语和符号标准、信息分类与编码标准、数据库和资源库标准等，用来为信息技术在各业务领域的发展和应用提供通用的标准要求。

（1）术语和符号标准

术语和符号标准是指信息化工作中常见的技术术语和符号标准，包括与信息化有关的基础术语、专业术语和各类符号，以统一信息化工作中的主要名词、术语、技术词汇和符号等。

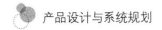

（2）信息分类与编码标准

信息分类与编码标准是指将信息按科学原则和方法进行分类并加以编码，作为在一定范围内信息处理和交换时共同遵守的原则，主要包括产品研制、生产、服务和管理的信息分类与编码标准，以及相关的数据元和元数据标准等。

（3）数据库和资源库标准

数据库和资源库标准是指支持设计制造管理一体化的各种公用数据库和资源库相关标准，主要包括标准件库、通用件库、材料库、供应商产品库和制造资源库等方面的建设和管理标准。

2. 信息化技术标准

信息技术标准是规范信息技术体系，以及信息技术产品要求的标准，主要包括计算机网络技术标准、信息安全技术标准、空间信息技术标准、自动识别技术标准、IT 环境保护标准、软件工程标准、IT 产品标准，以及系统集成与接口标准等，用于统一信息技术在信息产品，如软件和硬件产品中的应用要求。

（1）计算机网络技术标准

计算机网络技术标准包括局域网、城域网和广域网等建设、运行和管理中所涉及的网络技术标准，如开放系统互连（OSI）标准、传输控制协议／因特网互联协议（TCP/IP）标准等。

（2）信息安全技术标准

信息安全技术标准是为规范信息安全技术体系而制定的标准，主要包括信息安全模型、信息安全机制、加密技术、操作系统安全、传输安全等技术标准。

（3）空间信息技术标准

空间信息技术标准是指各类空间信息应用的 IT 技术标准，主要包括地理信息系统（GIS）、各类空间测量和定位系统方面的技术标准等。

（4）自动识别技术标准

自动识别技术标准是应用于物流和供应链等领域的条码卡、射频识别（RFID）等方面的信息技术标准，主要包括各类识别卡及其阅读设备和系统标准等。

（5）1T 环境保护标准

IT 环境保护标准是指 IT 产品和技术在环境保护方面的技术和管理标准，包括 IT 产品、技术环境保护和验收要求、IT 产品、技术污染控制和回收处理要求等标准。

（6）软件工程标准

软件工程标准是指软件开发生命周期过程与管理方面的标准，涉及软件企业能力评估、软件开发质量和过程管理，以及软件管理等工程活动。

（7）1T 产品标准

IT 产品包括软件、硬件以及软硬件结合的信息产品等。IT 产品标准定义 IT 产品的功能、性能、质量、安全和环保等方面的技术要求，是 IT 产品交付和验收的主要技术依据。

（8）系统集成与接口标准

系统集成标准主要是指利用综合布线和计算机网络等技术，将各个分离的设备、功能和信息等集成到相互关联的、统一和协调的系统中，使资源达到充分共享，实现集中、高效、便利的应用和管理方面的标准。接口标准主要是指应用在软件集成和数据交换过程中的接口技术要求等，包括各类集成架构标准、集成方法标准、集成数据和流程标准，以及数据交换标准等。

3. 信息技术应用标准

信息技术应用标准是指将规范信息技术应用于航空行业各类技术领域和业务管理领域的过程和活动制定的标准。信息技术应用标准主要包括数字化设计标准、数字化试验标准、数字化制造标准、保障／客服信息化标准、综合管理信息化标准等，用来规范信息技术在产品研制、生产、服务和综合管理中的应用。

（1）数字化设计标准

数字化设计标准作为数字化标准体系的一部分，是指规范设计领域信息技术应用方面的标准，标准又可细分为产品数字化定义、数字化样机和预装配、数字化仿真和产品数据管理标准四类。

①产品数字化定义标准

产品数字化定义标准是指产品设计要求的表达、描述、定义等方面的标准，包括各类不同设计专业领域的标准，用来规范产品的数字化描述、产品三维建模、工程制图和工程数据集等要求。

②数字化样机和预装配标准

数字样机和预装配标准是指使用数字样机代替物理样机过程的信息技术应用标准，主要包括产品在设计的各阶段、各级别的数字样机以及分区、分系统等层次数字样机的构建、评审、管理等方面的标准，以及构建数字样机过程中涉及的数字化预装配和可视化技术应用标准等。

③数字化仿真标准

数字化仿真标准是指以数值计算为手段对数字样机或系统模型进行分析的标准，主要包括结构仿真、流体力学计算仿真、多体动力学／运动学仿真、多学科综合分析与优化以及仿真数据管理标准等。

④产品数据管理标准

产品数据管理标准是指管理数字化产品定义信息（包括各类几何模型信息、属性信息和有效性信息，以及零部件之间的结构关系和技术要求等信息），产品设计工作流程和工程更改过程的数字化标准，包括技术状态（构型配置）的管理标准。另外，还包括设计制造协同标准，即产品数字化设计和制造过程中规范设计制造协同要求的标准，包括协同组织管理、基于成熟度的协同管理标准等。

（2）数字化试验标准

数字化试验标准包括专业技术仿真与试验标准、系统仿真与试验标准、数字化测试和诊断标准等。

①专业技术试验标准

专业技术试验标准指利用专业技术数学模型在计算机上进行技术功能特性和物理特性（如可靠性、维修性、保障性、测试性、安全性和可制造性等）数字化试验的相关标准。

②系统试验标准

系统仿真与试验标准是指针对产品系统进行数字化试验工作提出的标准，包括机械系统（结构、运动和装配）、电子系统、控制系统数字化试验等标准。

③数字化测试和诊断标准

数字化测试和诊断标准是指在产品研制过程中开展测试、诊断等工作制定的数据和流程标准，包括数字化测试标准、数字化诊断标准等，涉及诊断设备、程序和各类应用系统等。

④试验数据管理标准

试验数据管理标准是对在数字化试验过程中产生的数据进行管理而提出的标准，主要包括数字化试验方案、产品模型管理、试验数据的版本以及试验工作流程等方面的标准。

（3）数字化制造标准

数字化制造标准是指在产品制造领域，应用数字化技术而提出的信息技术应用标准，包括数字化工艺标准、数字化工装标准、数控技术与检测标准、制造资源计划、制造执行标准等。

①数字化工艺标准

数字化工艺标准主要包括工艺数据／流程定义、计算机辅助工艺设计、工艺过程仿真以及装配等方面的标准，涉及工艺数据的范围、组成、交换、维护和产品工艺设计的方法以及工艺仿真环境的构建、应用、评估和仿真流程等技术内容。

②数字化工装标准

数字化工装标准主要包括工艺装备的建模与预装配、柔性工艺装备设计，以及数字化装配协调技术标准，涉及的技术内容包括工装建模与预装配过程的方法、流程、分析以及柔性工艺装备设计的原则、方法和环境等。

③数控技术与检测标准

数控技术与检测标准是指规范数控技术在各类数字化生产线中的应用方法、流程、工作内容，仿真环境构建、仿真方法与评估，零部件检测的流程、方法以及检测结果处理等内容的标准，主要包括各类专业生产线的数字化技术应用标准。

④制造资源计划标准

制造资源计划标准主要包括生产系统的内外部资源要素管理标准，如生产基础数据管理、需求管理、主生产计划管理、物料需求计划管理、能力需求计划与控制、设备管理、库存管理等方面的信息化标准。

⑤制造执行标准

制造执行标准主要包括：车间计划与调度、工序详细调度、资源分配和状态管理、生产单元分配、过程管理、人员管理、物料管理、维护管理、质量管理、文档控制、产品跟踪和产品清单管理、性能分析和数据采集等方面的标准。

（4）保障／客服信息化标准

保障／客服信息化标准是指统一和规范产品维修和技术服务、数字化技术出版物、备件服务等业务过程信息技术应用方面的标准，主要包括技术出版物标准、备件管理标准、技术支援标准、客户培训标准、维护和修理标准等。

①技术出版物标准

技术出版物标准包括数据模块编制要求、通用资源数据库构建和管理，以及技术出版物的发布、管理和使用要求等标准。

②备件管理标准

备件管理标准主要包括备件计划制定、备件库存管理、备件质量保证、备件交付和备件修理等信息系统建设和运行维护方面的标准。

③技术支援标准

技术支援标准主要包括产品支援中的知识管理、专家系统、技术保障，以及承包商集成信息服务（CITIS）等方面的标准。

④客户培训标准

客户培训标准主要是指在构建和运行维护客户培训管理系统过程中需要建立的标准，包括飞机维修培训指南、客户培训业务流程标准和相应管理标准以及客户培训管理系统构建要求等标准。

⑤维护和修理标准

维护和修理标准主要是指航空产品在开展维修、维护和修理（MRO）过程所需的信息化标准。这些标准规范（MR）的基本数据定义、业务流程定义、产品维修和使用状态管理、备件和替换件管理等活动和过程，能实现维护和修理信息的数据库管理。

（5）综合管理信息化标准

①企业门户标准

企业门户标准是指根据门户的建设及运行需求制定的一系列的规范或

标准，包括门户功能要求、门户系统与相关业务应用系统集成、业务数据抽取和展示。

②行政管理标准

行政管理标准是根据办公自动化系统建设及运行需求制定的一系列规范或标准，包括行政管理信息系统的数据标准、业务流程标准等。

③工程项目管理标准

工程项目管理标准主要是指在型号研制和预先研究等项目管理过程中涉及信息系统中业务运行的数据和流程标准，涉及项目的工作分解管理、计划管理、研制流程管理和质量管理等。这一领域除包含工程项目管理自身的信息化标准之外，还包括工程项目管理信息系统功能要求等标准。

④人力资源管理标准

人力资源管理标准是指在规划、实施和运行人力资源管理系统过程中所制定的数据、流程标准，涉及组织和职位管理、招聘管理、人事管理、时间和休假管理、人力发展与培训、薪酬和福利管理、工资核算管理与绩效考核等业务领域，主要包括数据标准、客户化报表标准、人事分析和决策信息化标准等。

⑤财务管理标准

财务管理标准是指与财务的预算、资产和成本管理等相关的信息化管理标准。这些标准与财务规章制度协调一致，致力于财务管理规范化，主要包括财务系统的数据和系统集成标准等。

⑥质量管理标准

质量管理标准是指集成化质量系统体系结构、质量功能配置、质量的检测、质量数据采集、质量信息管理、质量管理体系建设和运行等质量管理业务的信息化标准。

⑦市场营销标准

市场营销标准包括客户管理、时间管理、销售与分销管理、服务管理、合作伙伴关系管理以及客户关系管理的流程与接口等方面的信息化标准，以及电子商务方面的应用标准等。

⑧供应链管理标准

供应链管理标准是指根据供应链和物流系统建设需要而制定和贯彻的一系列标准，主要包括：业务分类与编码、物流和库存中 RFID 技术应用、数据协同流程等方面的标准。

⑨知识管理标准

知识管理标准是指知识积累、存储，以及利用信息技术实现知识的工程化运用方面的标准，主要包括知识分类标准、知识库建设、知识管理信息系统的功能体系框架标准、专家系统和商业智能标准等。

⑩档案管理标准

档案管理标准是指信息化条件下的档案工作标准，主要包括电子文件归档，档案信息采集、整合与安全管理，档案利用、备份、保管、迁移、鉴定和统计等方面的信息化标准。

4. 信息化管理标准

（1）信息化工作法律法规和制度

信息化工作法律法规和制度是指企业在信息化工作过程中进行信息化管理的相关制度和法规。主要包括：信息化管理制度、资源和资产管理、信息管理、业务应用管理和信息化考核要求等。

（2）网络建设和管理标准

网络建设和管理标准是在应用网络技术和网络产品过程中建立的标准，包括金航网、企业园区网、各类外网的建设和运行维护控制标准，也包括各类网络管理标准等。

（3）信息安全技术应用和管理标准

信息安全技术应用和管理标准是指为保证信息的完整性、保密性、可用性和可控性等，应用的技术手段和管理方法标准，主要包括：物理安全、通信保密、计算机安全、操作安全、系统安全、系统可靠性和信息安全保障等方面的技术应用和管理标准等。

（4）信息化项目管理标准

信息化项目管理标准是指规范信息化项目全生命周期管理中的标准，主要包括：信息化项目计划管理、成本管理、风险管理、项目招投标管理、项目监理、项目评估验收管理、项目交付管理等标准。

（5）信息系统运行维护标准

信息系统运行维护标准是指信息系统在建设完成后投入运行阶段而制定和贯彻实施的信息化标准，主要包括：信息系统运行维护制度、系统管理、灾难备份和恢复、系统优化等标准。

（6）信息化咨询和服务标准

信息化咨询和服务标准是指规范信息化咨询和提供技术服务过程中的标准规范，包括信息化规划（咨询）、业务建模及流程优化、设备和软件选型、应用软件系统建设、IT 产品测评、信息化服务管理和评价等标准。

三、国际数字化标准

目前，与数字化标准有关的国际标准以 ISO/TC184 "自动化系统与集成"、ISO/TC154 "行政、商业和行业中的过程、数据元和文档"、ISO/IEC JTC1 "信息技术" 以及 ISO/TC10 "技术产品文件" 等技术委员会编制的标准为主，涉及的范围如表 4-4-1 所示。

表 4-4-1　ISO 标准中的数字化标准

国际数字标准名称	说　明
ISO/TC184 自动化系统与集成 ISO/TC184/SC4 工业数据 ISO/TC184/SC5 体系结构、通信和集成框架	TC184 主要是负责离散制造的共业自动化和集成领域的标准化工作，包括多种技术的应用，很多成为制造业信息化的核心和关键标准。其中，TC184/SC4 的标准目的是在产品整个生命周期内提供描述管理产品数据的能力，TC184/SC5 重点是企业建模和体系结构、企业集成和互操作性等标准的制定
ISO/TC154 行政、商业和行业中的过程、数据元和文档	围绕行政、商业和行业等方面的数据、代码、文档和过程等国际标准化和注册，以及机构间和机构内信息交换所用支撑数据的标准化和注册
ISO/IEC JTC1/SC27 信息技术安全技术 1SO/IEC JTC1/SC31 自动识别与数据采集 ISO/IEC JTC1/SC32 数据管理和交换	JTC1 是 ISO/IEC 联合技术委员会，它的主要任务是开发、维护、提高和促进全球市场所要求的 IT 标准主要涉及 IT 系统和工具的设计和开发、IT 产品的性能和质量、信息安全、应用系统的可移植性和互操作性等
ISO/TC10 技术产品文件	TC10 一直致力于技术产品文档（TPD）方面的标准化和协调工作，包括贯穿产品整个生命周期的技术制图，利于编制、管理、存储、恢复、复制、交换和使用

（1）ISO/TC184/SC4 工业数据

ISO/TC184/SC4 主要负责工业数据的标准化工作涉及的主要数据是：几何设计和公差数据、材料和功能规范、产品配置数据、工艺设计数据、生产管理数据、产品支持和后勤保障数据、生命周期数据和质量数据。SC4 制定的主要标准包括：

① ISO 8000 系列数据质量 6 项标准。

② ISO 10303 系列工业自动化系统与集成—产品数据表达与交换 585 项标准。

③ ISO 13584 系列零件库 12 项标准。

④ ISO 15531 系列工业制造管理数据 5 项标准。

⑤ ISO 15926 系列包括石油和天然气生产设备流程工厂的生命周期数据集成 4 项标准。

⑥ ISO 18629 系列过程规范语言 9 项标准。

⑦ ISO 18876 系列存取和共享 2 项标准。

⑧ ISO 22745 系列开放技术字典及其对主数据的应用 10 项标准。

⑨ ISO 29002 系列特征数据交换 6 项标准。

⑩ ISO 其他 2 项标准。

（2）ISO/TC184/SC5 体系结构、通信和集成框架

① WG1：建模和体系结构。该工作组制定与信息基础、集成框架、企业模型、企业建模和仿真相关的标准。主要起草的标准有：1SO 14258、ISO 15704、ISO 19439、ISO 19440 等。

② WG4：制造软件及环境。该工作组通过典型的制造数据和制造软件能力，开发制造数据和制造软件能力的统一表征。制定的标准有 ISO 16100《制造软件互操作能力建规》系列标准，以及与 ISO 16100 配套的标准，并进行了 ISO 16300 的研究。

③ WG6：应用服务接口。主要制定 ISO 20242《工业自动化系统与集成测试应用的服务接口》系列标准。

④ WG7：应用集成的诊断和维护。该工作组主要制定的标准为 ISO 18435《诊断、能力评价和维护应用集成》系列标准。

⑤ JWG15：企业一控制系统集成（联合 ISO/TC184/SC5-IEC/SC65EWG）。该工作组工作内容：定义商务系统、制造系统，以及制造系统之间信息交换的形式和定义；定义制造业操作管理的活动模型，特别是生产、维护、质量测试和库存的操作范围。该工作组制定的主要标准为

ISO/IEC62264《企业控制系统集成》系列标准。

⑥ JWG8：制造过程和管理信息（联合 ISO/TC184/SC4）。该工作组的主要工作内容为过程信息的表达和交换：重点在词汇、本体和语法

⑦ WG9：制造运行管理的关键性能指标（Key Performance Indicators，简称 KPI）。该工作组主要制定 ISO 22400 系列标准。

⑧ WG10：制造系统的环境和能耗评估。该工作组主要制定 ISO 20140 系列标准。

（2）ISO/IEC JTC1

ISO/IEC JTC1 属于信息技术领域的国际标准化组织，业务包括：规范、设计和开发系统和工具，涉及信息的采集、表示、处理、安全、传送、互换、显示、管理、组织、存储和检索等。

① ISO/IEC JTC1 无障碍特别工作组。

② SC02 编码字符集。

③ SC06 系统间远程通信与信息交换。

④ SC07 软件与系统工程。

⑤ SC17 卡与身份识别。

⑥ SC22 程序设计语言及其环境和系统软件接口。

⑦ SC23 信息交换和存储用数字记录媒体。

⑧ SC24 计算机图形和图像处理及环境数据表示。

⑨ SC25 信息技术设备的互联。

⑩ SC27 信息技术安全技术。包括：A. 安全需求获取方法；B. 信息和 ICT 安全管理，特别是信息安全管理体系（ISMS）、安全过程、安全控制措施和服务；C. 密码及其他安全机制类，包括但不限于保护信息的可靠性、可用性、完整性和保密性的机制；D. 文档化的安全管理，包括术语、指南、安全组件注册规程；E. 身份管理、生物特征及隐私保护的安全方面

标准；F. 符合性评估、信息安全领域的认可和审核要求；G. 安全评价准则和方法学。形成的重点标准包括 ISO/IEC24762《信息和通信技术灾难恢复服务指南》RISMS 标准族、IT 治理标准、自动识别和数据采集技术标准。

⑪ SC28 办公设备。

⑫ SC29 音频、图像、多媒体和超媒体信息的编码。

⑬ SC31 自动识别和数据采集技术。SC31 为 JTC1 下设的自动识别和数据采集（AIDC）分技术委员会，该分技术委员会从事应用和国际商品流通领域的自动识别和数据采集技术、相关设备的技术、数据格式、数据语法、数据结构、数据编码的标准化工作。主要标准包括：ISO/IEC 18000《信息技术用于物品管理的射频识别技术》、ISO/IEC 24729《信息技术用于物品管理的射频识别实施指南》、ISO/IEC 18046《信息技术射频识别设备一致性测试方法》、ISO/IEC 24730《信息技术实时定位系统》、ISO/IEC 21451《传感器和执行器的智能转换器 IEEE 标准》等。

⑭ SC32 数据管理与交换。主要通过对数据基本单元、数据结构、表示格式、数据接口、存储方式以及数据的管理与维护等各个方面进行规范化和标准化，保证数据的准确性、可靠性、可控制性和可校验性，实现数据交换与共享以及信息集成。重点标准包括 ISO/IEC 11179《信息技术元数据注册系统》、ISO/IEC 20943《信息技术实现元数据注册系统内容一致性的规程》、ISO/IEC 24707《信息技术通用逻辑（CL）：基于逻辑的语言族框架》等。

⑮ SC34 文件描述与处理语言。

⑯ SC35 用户接口。

（4）ISO/TC10 技术产品文件

① SC1：基本规则，负责所有领域技术产品文件的基本规则。

② SC6：机械工程文件，负责特殊规范和结构的标准化，包括用于机

械和电气工程文件（含运动学）的简化表示法。

③SC8：建筑文件，负责建筑、土木工程、地区和城市规划、风景建设、建筑设备、装置领域内特殊规范和结构的标准化等。

④SC10：工厂过程文件和技术产品文件（TPD）用符号，负责对用于过程的工厂文件的简化表示法特殊规范和特性的标准化。

⑤负责技术产品文件用符号的规范化标准化。符号应与 IEC 协调一致，包括制定和更新符号、建立符号库，可汇集每个技术委员会的符号。

⑥WG16：3D 模型，产品数字化定义准则，负责 3D-CAD 设计方面的标准化。

主要标准为 ISO 16792《技术产品文件数字化产品定义数据准则》，标准从数字化设计、制造与管理集成的角度，对数字化产品定义全生命周期中数据集定义和管理、设计模型定义、尺寸公差等三维标注给出了规范。

四、数字化产品模型

（一）产品建模技术

产品数字化设计的发展与建模技术密切相关。建模技术是利用计算机系统协助创建、修改、分析和优化产品的技术，它是实现产品数字化设计的手段和基础。产品数字化设计随着建模技术的标准化、开放式、集成化、智能化得到了广泛应用。

建模技术（数字化定义技术）起步于 20 世纪 50 年代后期，早期建模仅是图板的替代品，就是用传统的三视图方法来表达零件，即二维计算机绘图技术。20 世纪 60 年代出现的三维建模只是极为简单的线框式系统，只能表达基本几何信息，不能有效表达几何数据间的拓扑关系。20 世纪 70 年代，为解决飞机和汽车制造中遇到的大量自由曲面问题，出现了贝塞尔算法，使得利用计算机处理曲线及曲面问题变得可行，并由法国达索飞机制造公司推出了三维曲面造型系统 CATIA，这标志着建模技术从单纯模仿工程图纸的三视图模式向用计算机完整描述产品零件主要信息的模式转变，同时也使得 CAM 技术的开发有了实现的基础。20 世纪 70 年代末到 80 年代初，在美国宇航局支持及合作下，SDRC 公司发布了世界上第一个完全基于实体造型技术的大型建模软件 IDEAS5。由于实体造型技术能够精确表达零部件的全部属性，该软件给设计工作带来了巨大的方便。而正当实体造型技术逐渐普及的时候，参数技术公司提出了参数化实体造型方法。它主要的特点是：基于特征、全尺寸约束、全数据相关、尺寸驱动设计修改，并能充分体现出其在许多通用件、零部件设计上简便易行的优势。几乎与此同时，SDRC 公司在积累了几年参数化技术的基础上，针对"全尺寸约束"等参数化技术的不足之处，提出了变量化技术，实现了基于特征的参数建模和基于特征的非参数建模的完美兼容，解决了欠约束情况下方程联立求解的数学处理在软件中实现的问题。如 4-4-8 所示，为产品建模技术的发展过程。

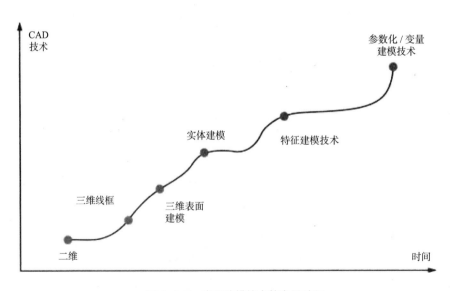

图 4-4-8 产品建模技术的发展过程

（二）基于模型的定义（MBD）技术

基于模型的定义（MBD）是由精确几何实体、相关 3D 几何、3D 标注及属性构成的数据集定义完整的产品定义，通过在 3D 模型中集成尺寸、公差、技术条件等标注，可提供全面的产品定义，彻底取消 2D 工程图样，使 3D 模型成为协同设计、制造和检验的唯一授权数据。基于模型的定义数据集由设计模型、标注和属性构成。

其中，模型（model）是描述产品的设计模型、标注和属性的集合。设计模型（design model）是数据集的一部分，包括模型几何及辅助几何。标注（annotation）无须手工或外部处理即可见的尺寸、公差、注释、文本和符号。属性（attribute）是表达产品定义或产品模型特征所需的不可见信息，如尺寸、公差、注释、文本或符号等，但这些信息可查询得到。模型几何（model geometry）是产品定义数据集中表达设计产品的几何元素。几何元素（geometric element）是数据集中的几何实体。不同的软件系统在实施 MBD 技术时，数据集的组织有所不同。

基于模型的定义并不仅仅是带有尺寸、公差、技术要求的实体模型，它还是基于三维 MBD 数据集（不需二维图样的）的设计、制造和检验过程，如图 4-4-9 所示。

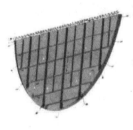  

a）基于模型的定义　　　　　b）基于模型的制造　　　　　c）基于模型的检验

图 4-4-9　基于模型的研制过程

Heroux-Devtek 建立了 HPS020《数字化产品定义 / 基于模型的定义》（Digital Product Definition/Model Based Definition），规范对其供应商基于模型的定义、制造和检验的最低要求。该标准定义了数字化产品定义 / 基于模型定义的目的、范围、职责、基于模型的定义和基于模型的制造和检验等部分，主要要求如下：

1.基于模型的定义数据集

Heroux-Devtek 仅提供 MBD 数据集（CatiaV5 或更高版本）和零件表，可转换为 CAD/CAM/CAI 等其他格式，供应商应明确记录用于 QA 过程每个活动的数据格式，保证转换过程的完整性以及负责完整性的验证和维护。

2.基于模型的定义要求

在使用 CATIA 进行 MBD 模型定义时，要求所有的 MBDCATIA 文件（除了标准件和参考件外）都应包括尺寸公差标注（Functional Tolerancing and Annotation sets，简称 FTA），通过模型视图（"captures"）进行组织管理，对每个模型都应该建立默认视图，以及标注平面都应建立相应的模型视图。MBD 模型中的信息应该包括所有的基准、零件 / 装配件坐标系统、GD&-T（除了一般轮廓度）以及旗注等，所有的 FTA/GD&T 都按照 ASME Y14.41—2003 进行定义。但是对装配件模型的定义与波音的实施方案不同，装配件的 MBD 模型应包括子装配件、零件、标准件以及适用的 FTA/GD&T，要求如下：

对技术要求的标注与波音公司不同，不是以"几何图形集"的方式集成在产品结构树中，而是以空间标注的形式在空间进行注释。

（三）数字化产品定义标准化要求

产品设计根据设计任务的不同而有自行设计、测绘仿制、改进改型等多种方式和途径，设计过程一般被划分为设计方案论证（概念设计）、初样研制（技术设计）、试样研制（详细设计）、试生产等多个阶段。三维设计有二维设计无法比拟的优越性，而为保证将三维模型用于设计与制造的有效性，需要相应的标准规范保证模型的质量。

1. 模型的质量

（1）正确性

模型应准确反映设计意图，对内容的技术要求理解不能有任何歧义。要确立"面向制造"新的设计理念，充分考虑模具设计、工艺制造等下游用户的应用要求，做到与实际的加工过程基本匹配。

（2）相关性和一致性

应用主模型原理和方法，进行相关参数化建模，正确体现数据的内在关联关系，保证三维模型数据在产品数据链中的唯一性、一致性并且能正确传递。

（3）可编辑性

模型能编辑修改，以确保整个建模过程可以回放（Playback）。模型可被重用和相互操作。重用性和相互操作性是由可编辑性派生出来的重要特性。

（4）可靠性

模型拓扑关系正确，实体严格交接，内部无空洞，外部无细缝，无细小台阶。模型文件大小可以得到有效控制，模型不包含多余的特征、空的组和其他过期的特征，总能在任何情况下正确打开。

三维模型的设计应遵循先规范后设计的原则，可以基于CAD软件或者基于产品对象建立CAD设计应用技术规范。分析产品数字化研制过程，我们可以发现本质上是数据加工和拖延的过程，就是说，整个产品制造过程实际上就是各类数据集及派生数据集之间协调与传递的过程。

2. 数字化产品定义标准体系

以数据集的定义和管理为核心，按照航空产品数字化定义过程而建立的，如图 4-4-10 所示。

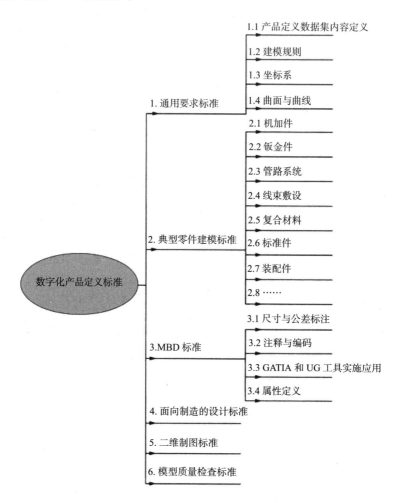

图 4-4-10　数字化产品定义标准

（1）通用要求标准

主要包括数字化产品定义数据集内容定义、建模规则、坐标系、曲线和曲面等理论外形定义标准。

（2）典型零件建模标准

主要包括机加件、钣金件、装配件、管路系统、线束敷设、复合材料件等有不同加工工艺的典型零件建模要求标准。

（3）MBD 标准

主要包括尺寸与公差标注、注释与编码、CATIA 和 UG 工具实施应用以及属性定义标准。

（4）面向制造的设计标准

主要包括面向制造的机加件、钣金件等设计标准。

（5）二维制图标准

主要包括应用 CATIA 和 UG 软件实施二维制图时的要求。

（6）模型质量检查标准

主要包括模型质量检查流程、检查项目、检查要求等。

（四）通用要求

1. *产品定义数据集*

产品定义数据是指完整定义产品时所需的数据元素，产品定义数据集是指一个或多个计算机文件的集合，该集合通过图形、文字或两者的结合来直接或间接表达产品的物理和功能要求。如图 4-4-11 所示，按照 GB/T24734《技术产品文件数字化产品定义数据通则》的规定，产品定义数据集多种数据构成。其中模型由设计模型、标注和属性组成，如图 4-4-12 所示。相关数据包括但不限于分析数据、明细栏、测试要求、材料说明、过程及表面处理要求等。相关数据应集成于产品定义数据集或被产品定义数据集引用。

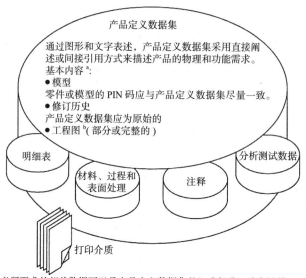

a 完整定义所要求的相关数据可以是产品定义数据集的组成部分，或者被其引用。产品定义数据集的组成部分之外的数据可独立修订。

b 在仅使用模型的情况下，数据集不包括工程图样

图 4-4-11　产品定义数据集的组成

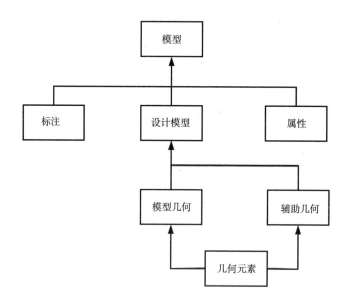

图 4-4-12　模型内容

产品定义数据集从物理上看是一个或一组计算机文件，明确数字化设计过程中设计数据的范围以及数据之间的关系，是产品设计、制造和质量控制的依据，也是数字化设计过程中标准化需要首先明确的内容。

（以下摘自 HB20280—2016《基于模型的定义通用要求》）

航空产品定义数据集包括以下要素。

（1）以名义尺寸构建的实体几何。

（2）产品结构和装配关系（适用时）。

（3）零件坐标系。

（4）辅助几何。

（5）尺寸和公差。

（6）工程注释。

（7）材料要求。

（8）管理数据。

（9）相关数据。

另外，产品定义数据集应该具备唯一标识，以便于产品定义数据集的技术状态管理。数据集标识符应能适应计算机系统和操作系统管理，满足人员识别要求，并能使文件与相关数据集进行关联。

数据集标识符应符合以下要求：

数据集标识符具有唯一性，并且由数字、字母或特殊字符以任何形式组合构成，数据集标识符中不允许出现空格。

数据集标识符的最大长度取决于所采用的计算机系统和操作系统。将零件信息识别编码（PIN 码）作为数据集的标识符时，应符合 GB/T10609.1-2008《技术制图标题栏》和 ISO 82045-2：2004《文献管理.第 5 部分：结构和设备管理部分用元数据的应用》关于长度限制的相关规定。

只有在不影响数据集标识以及不会对计算机系统运行带来负面影响的

情况下，数据集标识符中才能选用连字号（—）、斜杠（/）或星号（*）等特殊字符。

在标识符中允许加入可识别的前缀或后缀，用于将文件和相关数据集关联起来。

2. 建模规则

（1）一般规则

主要是确定建模过程普遍遵循的一般规则，包括建模的范围、建模尺寸、建模比例、模型完整性、建模方法、模型修改与模型提交等方面。

（以下摘自 HB7756.1—2014《基于 CATIA 建模要求第 1 部分：通用要求》）三维建模应符合以下一般原则：

①所有的结构、系统件等都应该建立三维模型，以支持 MBD、DMU 和 DPA。

②除特殊要求外，应以公称（名义）尺寸建立 1：1 的设计模型，并以零件的交付状态建模。

③一个 CAD 文件仅能定义一个零件。

④建立的三维模型均需包含坐标系信息。

⑤所有的实体模型都应在零件级确定材质，材质库可按需扩展。

⑥应在建模的同时，建立数据间应有的链接关系和引用关系。

⑦建模过程应充分体现 DFM 的设计准则，能在模型上表达必要的制造相关信息，尽量提高其工艺性。

⑧几何模型应具有唯一性和稳定性，不允许有冗余元素存在。

⑨几何模型应是封闭的，不应带有额外的线架和曲面，产品模型应是完整的。

⑩在满足要求的情况下，尽量使模型最简化，使数据量减至最少。

⑪模型的建立及修改应该在统一的环境下进行。

（2）几何元素

三维模型均是由点、线架、曲面和实体等几何元素构成，为保证模型可以用于制造、分析以及重用，需保证几何元素定义的正确性以及精度要求，用点产生直线和曲线定义位置（如：表示所有孔和开口位置、基准点位置等）；将线架用于建立所有曲面的相交线和切线、基准线、零件边界线和草图轮廓线；曲面用于建立零件的非平面表面；实体用于构建零件三维模型，完整的零件由若干实体组合为复杂实体表示，支持产品 DPA，用于产生相应的二维图样。

①点元素

点元素一般用于基准点和孔中心点的表示，应规范不同点的表示方法以便于区分。

若孔轴线垂直于表面，则要在孔轴线和曲面或平面相交处标注一点，不必给出向量线。若孔在曲面上或孔轴心不垂直于平面，要在孔轴线和曲面或平面相交处标注一点，并给出向量线。向量线是孔轴线的一部分，起点在标注点上，长度至少远离曲面 13 毫米，如图 4-4-13 所示。

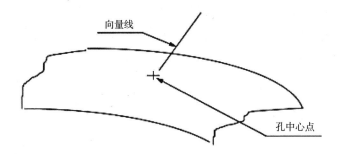

图 4-4-13 用点和向量线定义的孔位置

②线架元素

线架元素包括实线、点划线等不同的类型，一般用于表示实体边界、基准等。由于线架元素是形成实体的基础，其质量可能会对设计、数据交换、有限元分析、数控加工等造成影响，如当线架元素质量不高、曲线偏置时，线段之间的间隙可能会变大，重叠的线段可能会交叉。因此，需要对元素简化、元素间隙（GAP）、重叠、过盈、相切等进行规范。

（以下摘自 HB7756.1—2014《基于 CATIA 建模要求第 1 部分：通用要求》）

A. 元素最简化：用最简化的形式构建线架。例如：用一个元素来代替几个分段的元素，如图 4-4-14 所示。

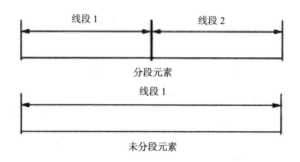

图 4-4-14　分段元素和未分段元素

B. 元素间隙（GAP）：制造允许的两个元素间的最大间隙是 0.001 毫米，如图 4-4-15 所示。

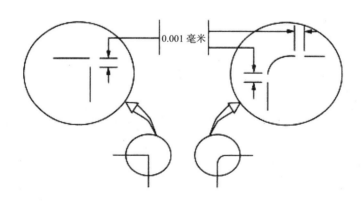

图 4-4-15　最大间隙

C.重叠：制造允许的两个元素最大重叠值是 0.001 毫米，如图 4-4-16 所示。

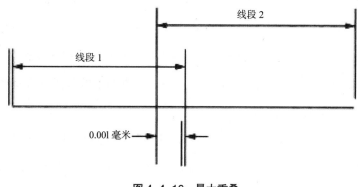

图 4-4-16 最大重叠

D.过盈：当两个相连元素的端点位置不重合时就会发生过盈，两元素端点处允许的最大过盈值是 0.001 毫米，如图 4-5-17 所示。

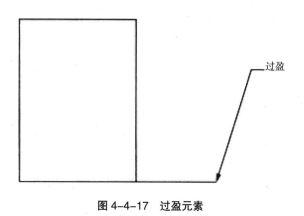

图 4-4-17 过盈元素

E.相切：相切的线架元素相切度应在 0.23° 之内。

③曲面元素

曲面元素的建模质量对数字化设计具有重要影响。例如，质量差的曲面会影响实体模型的构建。在有限元分析过程中，网格划分可能会失败或产生多余的元素，在数控编程过程中导致刀具路径生成失败，实际加工时

产品设计与系统规划

在工件上造成沟槽等。需从单个曲面元素和相邻曲面两个方面对曲面的质量提出要求。

（摘自 HB7756.1—2014《基于 CAT1A 建模要求第 1 部分：通用要求》）单个曲面元素的建立和使用应符合以下要求：

A.曲面的果次数：用可满足工程设计制造的精度要求，保证曲面是准确光滑的，可用多项式来定义曲面，但在 U、V 方向上的幂指数不宜超过 5。尽可能地采用直纹曲面。

B.控制曲线：对非直纹曲面，尽量用低次幂的曲线来生成曲面。构成控制曲面的各部分应连续、相切，并且在切点应满足点、斜率和曲率的限制要求。

C.曲面的法线：调整曲面，使法线指向远离零件，法线反向常发生在三边的曲面中。此时可以在曲面的退化点处用小段曲线，来代替尖点，成为一个四边曲面，如图 4-4-18 所示。

用半径 0.005 毫米的曲线代替退化点。
注：曲线长度必须大于 0.001 毫米。

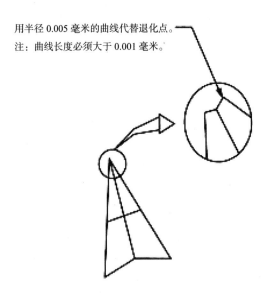

图 4-4-18 变三边曲面为四边曲面

D. 相邻曲面元素：

a. 间隙：曲面间所允许的最大间隙是 0.001 毫米。

b. 重叠：曲面间所允许的最大重叠值是 0.001 毫米。

c. 相切：相切曲面的相切度应在 0.23° 之内。

d. 连接：不应连接制造所用曲面，连接曲面容易造成曲面边界问题，增加了曲面复杂的程度，使后工序变得困难。

e. 等参线：尽可能使相邻曲面的等参线方向一致。

④实体元素

实体元素的建立一般应按照最终制造状态进行建模，但在某些情况下，由于计算机软件能力和制造需求，要对部分实体要素进行检查处理，如表示直径小于或等于 8 毫米孔的几何特征可不示出，如需要应示出中心线；与制造有关的一些几何图形，如内、外螺纹，退刀槽等可以省略；受软件功能限制而不能定义的倒角及倒圆可被忽略等。

3. 坐标系

数字化定义中的基准是建立数字化协调体系的关键要素。基准的建立是根据外形布局以及对结构安排的要求，定义出产品外形基准及定位基准。每一个零部件最终都是通过解决零部件之间位置关系等问题集成到整个产品上。因此，明确无歧义的定位基准是产品零件制造和检验的基础。这些定位基准主要包含坐标系统、基准线、基准面系统、局部定位几何元素等要素。其中坐标系是所有模型定位和尺寸度量的基础。

设计模型应该包含一个或多个模型坐标系。模型坐标系应由三条相互垂直的轴构成，其原点位于三条线的交点，每个轴应该有自己的标识并且应显示其正向。如无特殊说明，模型坐标系采用右手坐标系，如图 4-4-19 所示。

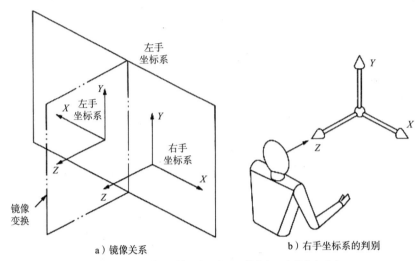

a）镜像关系　　　　　　　　　　　b）右手坐标系的判别

注：沿着 Z 轴的负方向观察，Y 轴是向上的，X 轴指向观察者的右手边。

图 4-4-19　坐标系的定义

（以下摘自 HB7756.2—2014《基于 CATIA 建模要求第 2 部分：坐标系》）坐标系根据用途的不同，可以分为机身坐标系、辅助坐标系和局部坐标系，应用的范围不同。通常，飞机总体设计组会给出全机气动外形（外形基准）、全机布置图和全机交点图及全机测量图等位置基准。大部件和全机装配中应建立飞机机体坐标系，必要时可定义相应的辅助坐标系。例如机翼、平尾、垂尾等，也可视情使用局部坐标系。飞机辅助坐标系应由各大部件主管设计给出，并将其定义协调基准的零件模型上。在 CAT1A 建模中，应使用绝对坐标系定义飞机机体坐标系，使用相对坐标系定义局部坐标系和辅助坐标系。应尽可能使用飞机机体坐标系完成建模和装配，原则上不宜太多使用辅助坐标系和局部坐标系，部件级的辅助坐标系或局部坐标系应由部件主管设计按需要定义或选取，并向参与该部件建模的所有人员提供定义的坐标特征。所有坐标系都应给出标识，坐标系的选用和定义取决于零组件在机体坐标系内的位置。全机装配应在飞机机体坐标系内进行。

（1）飞机机体坐标系

飞机机体坐标系的原点 O：位于机头前水平基准面与飞机对称面的交线上且距机头某一确定位置处；纵轴 X：为飞机水平基准面与对称面的交线，指向航向的后方；横轴 Y：位于飞机水平基准面内，垂直于纵轴 X，指向航向的右方；竖轴 Z：位于飞机对称面内，垂直于横轴 Y，指向上方。飞机机体坐标系的定义如图 4-4-20 所示。

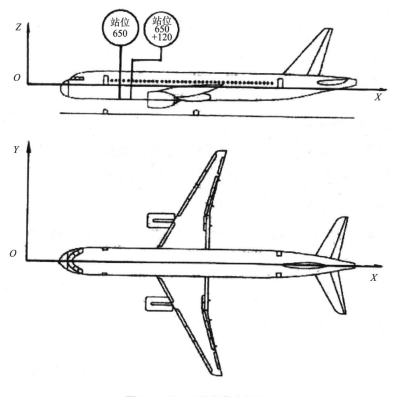

图 4-4-20　飞机机体坐标系

（2）辅助坐标系

辅助坐标系应依据理论外形数据（MDS）定义，辅助坐标系在飞机部件中的定义如图 4-4-21 所示。辅助坐标系一般在型号项目发布的

MDSCATIA 数据集获取，并用空间文本和坐标系统标识来合理地标示，保证与机体坐标系（如 *AXS-M）相对关系准确。

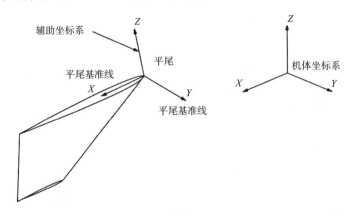

图 4-4-21 辅助坐标系示例

（3）局部坐标系

局部坐标系是为方便设计按需要自行定义的坐标系，一般用于除飞机机翼、平尾和垂尾以外的机体内部零件、组件的建模。局部坐标系应建立在垂直相交的基准面、基准线的交点处，若不相交，应建立在尺寸定义起始点或对设计而言的重要特征处。在机体坐标系内定义局部坐标系如图 4-4-22 所示。

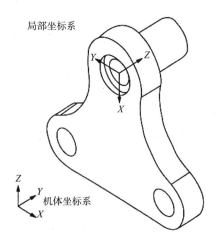

图 4-4-22 局部坐标系示例

4. 曲线与曲面

计算机辅助设计的最大挑战是对复杂曲线和曲面的构造，尤其是对航空航天、汽车、船舶等有复杂外形的产品尤为关键。

曲面的阶数用能满足工程设计和制造所需的曲面精度和光滑度要求，且能通过阶数最低的多项式来定义曲面。对制造来说，曲面在 U、V 方向上的阶数不宜超过 5，并尽可能地用直纹曲面。曲面片的数量：用最少的曲面片来生成以满足工程设计和制造对曲面的准确性和光滑性的要求，不要为了减少每个曲面中的曲面片的数量而分割曲面。对非直纹曲面，用低阶数的曲线来生成曲面的控制曲线。当控制曲线由多段曲线组成时，则多段曲线间应满足连续性要求，即满足位置、斜率和曲率的限制要求。曲面分割应用尽可能少的曲面构造外形；尽可能不生成三角曲面片，避免在曲面片尖点处发生法矢倒转；外形曲面片的划分应便于加工和成形；曲面片的边缘线要尽量与重要设计、工艺分离面错开；避免将曲率完全不同的区域组合到一张曲面中，应分割曲率差别较大的曲面。

（1）曲线的质量控制

①曲线特征

A. 曲线多项式次数

曲线的多项式次数由用于控制曲线段的多项式点的数量确定。对 CAT1A 来说，不推荐使用高于 5 阶的高阶曲线，并避免大于 9 次，如图 4-4-23 所示。

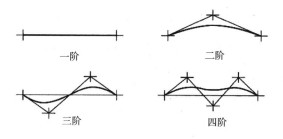

图 4-4-23　曲线的多项式次数（阶数）

B. 连续性

在曲线段或曲线之间的连接处应尽可能满足高的连续性要求，如位置连续（G0）、切矢连续（G1）和曲率连续（G2）。

a. 位置连续

位置连续是指两条线段的起点和终点重合。某些系统允许在复杂曲线中两条线段之间存在小的间隙，而有些系统需要精确的 G0 连续表达同一线段，如图 4-4-24 所示。G0 不连续会在不同 CAD 系统数据转换时引发错误，也会造成后续操作如构造曲面、实体或数控编程引发错误。大部分 CAD 系统都有相应的分析工具，以检查曲线的连续性。

建议：G0 连续＜ 0.001 毫米。

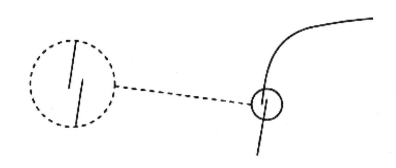

图 4-4-24　曲线间隙示例

b. 切矢连续

切矢连续是指两条曲线连接点处的切线方向相同。G1 连续性问题在构造曲面时会引起连续性的问题，在偏移曲线时会造成间隙或重叠。为检查 G1 连续性，可以较大的偏移量（如 100 毫米）偏移曲线，检查是否发生间隙或重叠。如图 4-4-25 所示。

建议：G1 连续＜ 0.23°。

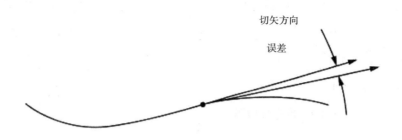

图 4-4-25　切矢方向误差示例

c. 曲率连续

曲率连续是指两条曲线连接点处的曲率半径相同，且两半径应处于同一平面内。可采用以下方程检查曲率连续性。精确的 G2 连续很难达到，对大多数应用来说，半径差距在 10% 即可满足要求。G2 连续对由曲线构造高质量曲面非常重要，仅能通过专门的验证工具才能进行检查。如图4-4-26 所示。

建议：G2 连续 W10。

$$\frac{2[R_1 - R_2]}{[R_1] + [R_2]} \leqslant 0.1$$

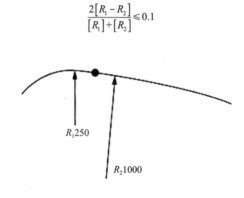

图 4-4-26　曲率连续示例

C. 曲线段数

在满足误差要求的条件下需要尽可能降低曲线的曲线段数。通过降低曲线段数，我们可以简化数据，避免在后续操作中生成过于复杂的曲面和实体。将基于 B 样条的系统转换为基于贝塞尔曲线的系统时，B 样条曲线的每个线段都会转换为单一的贝塞尔曲线，这会产生大量的线段引起模型的错误，如图 4-4-27 所示。

建议：尽可能少的曲线段数。

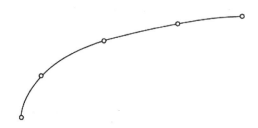

图 4-4-27 曲线段数示例

D. 曲线段的最小长度

生成样条曲线的数学方法有时会在曲线内生成微小线段（VO.1 毫米），也会导致节点过于靠近，如图 4-4-28 所示。当曲线转换为其他 CAD 系统时，微小线段可能在转换过程中丢失，从而导致出现间隙或连续性差的问题。包含微小线段曲线生成的曲面会造成数学缺陷难以应用。在建模过程中应避免这种情况，即曲线段的长度不应小于曲线总长的 1%。

建议：最小曲线段长度＞曲线的 1% 或＞ 0.2 毫米。

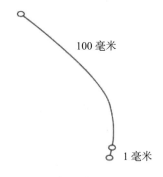

100 毫米

1 毫米

图 4-4-28 曲线段的最小长度示例

E. 复合曲线

在复合曲线内，所有的曲线段应有统一的方向，且在某一误差内连续，如图 4-4-29 所示。如果不遵循这个规则，通过该曲线生成曲面时会导致退化，而数控编程时刀具路径通常沿着曲线方向，会导致 NC 刀具路径难以生成。

建议：曲线连续、统一方向。

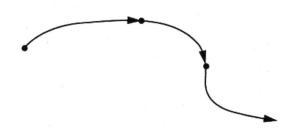

图 4-4-29　复合曲线方向示例

F. 曲线波动

波动是指自由曲线的曲率符号多次改变，这会对后续操作，比如做等距线造成影响。曲线一旦出现波动，应分析曲线的切矢和起点条件，调整或重新生成曲线，并同时分析产生曲线的相交面，如有必要应修改。平面曲线的波动示例如图 4-4-30 所示。

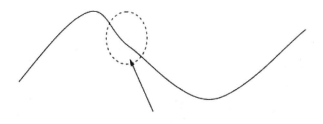

图 4-4-30　平面曲线的波动示例

G. 曲线自相交

自相交（一条曲线自身有一个以上交点）会给后续操作（例如生成等

201

距线、等距面或 NC 程序等）带来各种问题。避免由于等距线生成（距离大于原曲线凹向半径）或投影（三维曲线在平面上投影）造成的自相交。一旦出现自相交曲线，应重新生成正确的曲线。曲线自相交示例如图 4-4-31 所示。

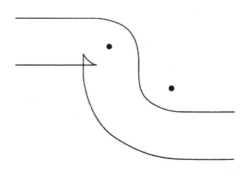

图 4-4-31　曲线自相交示例

参考文献

[1] 张峻霞 . 产品设计系统与规划 [M]. 北京：国防工业出版社，2015.

[2] 陈文龙；沈元 . 产品设计 [M]. 北京：中国轻工业出版社，2017.

[3] 计静，郑祎峰，朱炜 . 产品系统设计 [M]. 合肥：合肥工业大学出版社，
    2016.

[4] 汪晓春 . 产品系统设计 [M]. 北京：北京邮电大学出版社，2022.

[5] 张宇红 . 产品系统设计 [M]. 北京：人民邮电出版社，2014.

[6] 陈旭，庾萍 . 产品设计规划 [M]. 北京：电子工业出版社，2014.

[7] 刘静，张厉，李靖，等 . 产品设计与规划研究 [M]. 长春：吉林人民出
    版社，2016.

[8] 郑朔昉 . 产品数字化设计与标准化 [M]. 北京：中国标准出版社：国防
    工业出版社，2018.

[9] 姚江 . 产品形态设计 [M]. 南京：东南大学出版社，2014.

[10] 熊杨婷，赵璧，魏文静 . 产品设计原理 [M]. 合肥：合肥工业大学出
    版社，2017.

[11] 曲伟 . 分析数字化背景下工业产品设计手绘表现技法 [J]. 艺术大观，
    2023（1）.

[12] 胡晓涛 .《即热式饮水机》产品设计 [J]. 当代文坛，2023（1）.

[13] 庄瑞莲 . 人机工程学在工业产品设计中的应用研究 [J]. 现代工业经济
    和信息化，2022（12）.

[14] 贺婧，张学东 . 工业产品设计引导高频次消费路径研究 [J]. 吉林工程技术师范学院学报，2022，38（12）.

[15] 王鑫 . 参数化技术在产品设计课程教学中的应用 [J]. 电子技术，2022，51（12）.

[16] 颜俊鹏 . 工业产品设计结构要点 [J]. 中国科技信息，2022（23）.

[17] 蔡丹 . 工业产品设计中原型测试的标准化研究 [J]. 大众标准化，2022（22）.

[18] 刘怡宏 . 浅议工业设计的重要性及发展趋势 [J]. 科技风，2022（16）.

[19] 赵军生 . 现代工业产品设计中色彩的研究 [J]. 新型工业化，2021（12）.

[20] 郑祎峰，王佳春，王谨，等 . 基于人机交互技术的工业产品数字化系统分析评测 [J]. 现代电子技术，2021，44（13）.

[21] 崔强 . 参数化设计在工业产品设计中的应用研究 [D]. 北京：北京工业大学，2018.

[22] 陈峰 . 系统评价在工业产品设计中的应用研究 [D]. 南昌：南昌大学，2015.

[23] 陈建国 . 细节决定品质 [D]. 保定：河北大学，2014.

[24] 罗凯 .Kinect 交互技术在工业设计中的开发研究 [D]. 杭州：浙江工业大学，2013.

[25] 苏明岳 . 基于需求进化的工业产品可持续设计研究 [D]. 天津：河北工业大学，2022.

[26] 葛清扬 . 当代工业产品展览 AR 体验设计与实践 [D]. 杭州：中国美术学院，2021.

[27] 靳剑桥 . 鼎造型在工业产品设计中的应用方法研究 [D]. 长春：吉林大学，2019.

[28] 陈昊男. 基于开放式创新的工业产品造型智能启发设计研究 [D]. 广州：华南理工大学，2019.

[29] 程旭锋. 工业产品形象设计品质评价方法研究 [D]. 北京：北京林业大学，2016.

[30] 秦晔. 现代产品创新设计方法探究 [D]. 长春：长春工业大学，2015.